中吉联合

· 超级思维训练营系列丛书 ·

逻辑应该这样玩才爽

LUOJI YINGGAI ZHEYANG WAN CAI SHUANG

李宏 ◎ 编著

充分挖掘创意灵感 ——☆—— 激发无穷智慧潜能

中国出版集团 现代出版社

图书在版编目(CIP)数据

逻辑应该这样玩才爽 / 李宏编著. —北京:现代出版社,
2012.12(2021.8 重印)

(超级思维训练营)

ISBN 978 - 7 - 5143 - 0986 - 7

Ⅰ. ①逻… Ⅱ. ①李… Ⅲ. ①思维训练 – 青年读物②思维
训练 – 少年读物 Ⅳ. ①B80 – 49

中国版本图书馆 CIP 数据核字(2012)第 275789 号

作　者	李　宏
责任编辑	李　鹏
出版发行	现代出版社
通讯地址	北京市安定门外安华里 504 号
邮政编码	100011
电　话	010 – 64267325　64245264(传真)
网　址	www. xdcbs. com
电子邮箱	xiandai@ cnpitc. com. cn
印　刷	北京兴星伟业印刷有限公司
开　本	700mm ×1000mm　1/16
印　张	10
版　次	2012 年 12 月第 1 版　2021 年 8 月第 3 次印刷
书　号	ISBN 978 – 7 – 5143 – 0986 – 7
定　价	29.80 元

前　言

　　每个孩子的心中都有一座快乐的城堡，每座城堡都需要借助思维来筑造。一套包含多项思维内容的经典图书，无疑是送给孩子最特别的礼物。武装好自己的头脑，穿过一个个巧设的智力暗礁，跨越一个个障碍，在这场思维竞技中，胜利属于思维敏捷的人。

　　思维具有非凡的魔力，只要你学会运用它，你也可以像爱因斯坦一样聪明和有创造力。美国宇航局大门的铭石上写着一句话："只要你敢想，就能实现。"世界上绝大多数人都拥有一定的创新天赋，但许多人盲从于习惯，盲从于权威，不愿与众不同，不敢标新立异。从本质上来说，思维不是在获得知识和技能之上再单独培养的一种东西，而是与学生学习知识和技能的过程紧密联系并逐步提高的一种能力。古人曾经说过："授人以鱼，不如授人以渔。"如果每位教师在每一节课上都能把思维训练作为一个过程性的目标去追求，那么，当学生毕业若干年后，他们也许会忘掉曾经学过的某个概念或某个具体问题的解决方法，但是作为过程的思维教学却能使他们牢牢记住如何去思考问题，如何去解决问题。而且更重要的是，学生在解决问题能力上所获得的发展，能帮助他们通过调查，探索而重构出曾经学过的方法，甚至想出新的方法。

　　本丛书介绍的创造性思维与推理故事，以多种形式充分调动读者的思维活性，达到触类旁通、快乐学习的目的。本丛书的阅读对象是广大的中小学教师，兼顾家长和学生。为此，本书在篇章结构的安排上力求体现出科学性和系统性，同时采用一些引人入胜的标题，使读者一看到这样的题目就产生去读、去了解其中思维细节的欲望。在思维故事的讲述时，本丛书也尽量使用浅显、生动的语言，让读者体会到它的重要性、可操作性和实用性；以通俗的语言，生动的故事，为我们深度解读思维训练的细节。最后，衷心希望本丛书能让孩子们在知识的世界里快乐地翱翔，帮助他们健康快乐地成长！

目　录

第一章　趣味逻辑思考题

逻辑应该这样玩才爽

第二章　逻辑原来是这样的

第三章　诡辩其实很简单

逻辑应该这样玩才爽

逻辑应该这样玩才爽

第一章　趣味逻辑思考题

天使与魔鬼

有一个虔诚的教徒做了一个奇怪的梦。梦里出现了 3 个长着洁白翅膀的美女。美女们告诉他，她们之中有天使，也有魔鬼。可是并没有告诉他哪个是天使，哪个是魔鬼。天使只会说真话，而魔鬼则相反，只说谎话。

第一个说："在第二个美女和第三个美女之中，至少有一个是天使。"

第二个说："在第一个美女和第三个美女之中，至少有一个是魔鬼。"

第三个说："我能告诉你正确的消息。"

这个人都听糊涂了，不知道到底谁是天使，谁是魔鬼。

巧提妙问

那么，你能猜出至少有几个天使吗？

参考答案

根据第一个美女的话我们可以得出这样的结论：如果她是魔鬼的话，这 3 个美女都将是魔鬼。但是我们知道 3 个人里肯定是有天使的。因此，可以判断出,第一个美女肯定是天使。

从第二个美女的话中,可以得出两个信息:如果她是天使的话,第一个美女说的肯定是真话,所以第一个是天使,而第三个就成了魔鬼;如果第二个美女是魔鬼的话,第三个美女就成了天使。

所以,不管我们怎样推理,这3个美女中,至少有两个是天使。

兄弟与姐妹

在一个家庭中,有7个孩子,但是孩子们都还小,客人们经常没办法分清谁是男孩谁是女孩。这一天爸爸给孩子们编好号,并给出6个条件,让一个客人判断他们之中有几个男孩,几个女孩:

1号有3个妹妹。

2号有1个哥哥。

3号是个女孩,她有2个妹妹。

4号有2个弟弟。

5号有2个姐姐。

6号是个女孩,她和7号都没有妹妹。

巧提妙问

根据这6个条件,你能猜出这个家中有几个男孩,几个女孩吗?那么几号是男孩,几号是女孩呢?

参考答案

从第六条信息我们可以得出来,6号是女孩,7号是男孩。综合分析其他几条信息，我们又得出，这7个人中，只有3个是女孩，而且4号肯定是女孩。所以说，这家兄弟姐妹中，有4个男孩，3个女孩。1号、2号、5号和7号是男孩，其他3个是女孩。

多亏那条睡裙

在一座海滨小城发生了一起谋杀案，死者叫瑞秋。警察官迈克赶到时，只看到瑞秋家中凌乱不堪，家具都被推倒在地，好像之前有过一次搏斗，可是瑞秋穿着一件薄如细纱的睡裙躺在血泊中。

迈克观察了四周，但是并没有发现任何蛛丝马迹。迈克没有发现任何异常情况，于是来到走廊上。突然，起了一阵大风，"砰"的一声把门关上了。

迈克扭了扭门把手，却怎么也打不开，没办法，他只好敲门。

有人把门打开了，迈克脑袋里升起了一片疑云。他弯着腰，摸了摸这个门锁，好像是一种新型的防盗锁，而且这种锁没有钥匙是无法从外面打开的，可是门上也没有发现被撬过的痕迹。

房门上有一个可以向外窥视的"猫眼"，迈克隔着门，通过"猫眼"望了一下外面，一切都能看得一清二楚。

这时，法医也已经检查完毕了，递给迈克一张字条，字条上写着："死亡时间在昨晚8点至9点30分。"

迈克轻轻地捋捋头发，自言自语道："晚上8点到9点30分，这正是客人来访的时间，由此能够推测出凶手挑选这段时间有两种可能：第一，凶手是瑞秋的朋友或者其他什么人；第二，是故意迷惑我们。对了，值班管理员那儿应该有来客登记表！"

迈克从值班管理员那里知道，昨晚8点到9点钟的时候，来过两个人，一个是煤气管道修理工杰西，另一个是女的，管理员说，那个女人是瑞秋同父异母的妹妹玛丽。

第二天早上，迈克叫来了这两个人。

先来的是煤气管道修理工杰西,一脸不屑的样子,跷起二郎腿就坐在迈克的对面。

迈克严肃地问杰西:"你知道为什么找你来吗?"

杰西笑了一下:"笑话!怎么会不知道?今天报纸上登了瑞秋被杀的事,刚好那天我去过她家。"

迈克打量了一下杰西:"那你看到什么吗?"

"我没做过亏心事,不怕鬼敲门!"杰西并没有直接回答,"前天晚上9点,按照约定,我准时去瑞秋家修理煤气管道。可是那天我按了好久的门铃,却迟迟没人开门。本来以为她一会儿就能回来,可是等了15分钟她还没回来,然后我就走了。"

迈克问了差不多半个小时,没有得到任何有价值的线索,就让杰西先走了。

没一会儿,瑞秋的妹妹玛丽来了,她不断用手帕擦拭着哭红的眼圈。

迈克叹了口气,同情地说:"我为你姐姐的死感到非常难过! 这次让你来,一是想了解一些情况;二是你姐姐留下了一些现金,你要拿走吗?"

玛丽点点头:"那天晚上,是重病的父亲让我来看姐姐的。我到这里时是 8 点 45 分,她的屋里亮着灯。"她似乎想着什么,咽了一下口水:"可是不管我怎么按门铃,都没有人开门,最后我只好离开了。"

交谈了很长时间后,迈克还是一无所获。

迈克拿出瑞秋的钱,一共是 10 万英镑,然后在衣袋里拿出一支笔:"请你在这儿签个字。"

玛丽取下半透明的手套,然后去接那支笔。

迈克恍然大悟,眼前一亮,暗暗责怪自己:我怎么把这个忘记了? 他一把抓住玛丽的手,然后举起来:"你的手套提醒了我,凶手就是你。瑞秋是你的姐姐,你怎么可以那么残忍地杀了她?"

这话让玛丽浑身一颤,她冷汗淋漓,吓得两眼一阵发黑,手也一直哆嗦,使劲抽了回去。

迈克拿出手铐,把玛丽铐了起来。在迈克的审问下,她最后承认了:为了想要独占父亲的遗产,杀害了自己的姐姐。

迈克是怎样做出判断的呢?

参考答案

如果当时瑞秋通过"猫眼"看到了杰西,她肯定不会穿着睡袍去开门,所以,只有看到是玛丽来了,她才会穿着睡裙请她进屋。

囚徒的狡猾

古希腊有个著名的残暴而聪明的国王,一次他想处死一批囚徒。那时候,处死的方法有两种:一种是砍头,一种是绞死。这个国王对所有囚犯说:"你们自己挑一种死法,你们任意说一句话,真话绞死,假话砍头。"

这个法令太奇怪了,许多囚徒认为不管怎样都是死,所以就随口乱说,不是说了真话被绞死,就是说了假话被砍头,即使说了不能马上检验真假的话也会被当作假话砍头。国王看到他们一个一个被处死很开心。轮到一个聪明的囚徒时,他说了一句话,令国王左右为难:"只好放了他吧"。这个囚徒竟因一句话逃过死刑,并且获得了自由。

巧提妙问

他到底说了一句什么话?

参考答案

他说的是:"国王您要砍我的头。"如果国王砍他的头,他说的就是真话,他就要被绞死;如果国王绞死他,他说的就是假话,那么他就应该被砍头。囚徒就是利用这个逻辑上的怪圈救了自己一命。

奇案妙破

那是一个傍晚,有两个人在北京郊外兴冲冲地走着。这是两个布贩子,一个叫孙宝发,一个叫王心魁,他们刚从河北贩布回来。生意非常顺利,两人赚了一大笔，心情相当的好，一路上边走边笑。突然，路边有一个身材高大的大汉，坐在草堆上用草帽煽风，远远的看见了他们俩，就迎了上来带着外地口音问："两位大哥，请问附近有没有旅店？"孙宝发是个直爽的人，抬手一指："向前再走一里多路就有一家客栈。恰好我俩也要住店！你不认识路就跟我们一起走吧。"大汉连忙谢过，挑起箱子就跟着布贩子向客栈走去。

一路上，三个人聊得还很投机。大汉自称张三，一直在北京附近做生意，老家在山西一个很偏远的穷村子。前几天，他忽然接到老家捎来的口信，说他老父大病不起，要他赶快回去。他也不知道准备什么东西，就随便弄了两大箱东西，急匆匆往家赶。不一会儿，三人到了一家客栈，并一起住进了东厢房。东西整理了一下，三个人就早早地睡下了。

那天，在他们隔壁住着两个人，其中一个是卖砂壶的，另一个是人称"京城一卦"的算命先生，大家只知道他姓陈，都叫他陈一卦。卖砂壶的就抓住

这个机会，要先生免费给自己卜一卦。于是两个人都弄得很晚，卖砂壶的困

意涌上来，一倒头便睡着了。陈一卦也准备睡了，可是怎么也睡不着。就在陈一卦好不容易将要进入梦乡的时候，隔壁东厢房忽然传来一阵奇怪的响动。算命先生的听觉自然是非常敏锐。他坐了起来，把耳朵贴在墙壁上，好像是斧子从空中挥过的风声，夹杂着人的呻吟声！在一阵奇怪的声响之后，再听，隔壁变得非常安静了。

陈一卦倒吸一口凉气，想了想，就摸到了卖砂壶的床前，轻轻推醒他，在他耳边："不好了，东厢房应该是出了命案了！"卖砂壶吓了一大跳，继而不信。陈一卦说："我假装把你的砂壶打碎，你和我吵架，声音越大越好，也好让我们观察东厢房的动静。"说完，他点上灯！拿起一把砂壶砸在了地上。卖砂壶的破口大骂，算命先生回骂了过来，吵架声在深夜里显得尤为刺耳。整个旅店里的人都被吵醒了，各个房间也都亮起了灯。先是东厢房里的那3个人推门进来了，询问原委。卖砂壶的说算命先生无缘无故砸了他的壶，算命先生说是自己的钱丢了。

旅店的老板也进来了，指着卖砂壶的说："反正你也没有偷算命先生的钱，那你就把东西给他看看吧。"卖砂壶的同意了，大家搜了一遍，一无所获。陈一卦就放声哭道："我是个算命的，好不容易攒下了几串铜钱，现在却弄丢了，我觉得在这里住店的都有嫌疑。既然和我同屋的没搜到，那就应该从离我这个屋子最近的房间开始一个一个地搜！没找到钱，我就不活了！"东厢房里的三人大怒："你这算命的也太过分了吧？我们好心帮你，你不领情就算了，反而咬我们一口！"

这时候旅客越来越多进来了，看到陈一卦那副寻死觅活的可怜样儿，就纷纷劝道："那就从你们三人搜起，搜不到再把我们也挨着个儿搜，可以让先生死了心也好。"说着，众人便拥进了东厢房。三人也没办法，就打开了包裹等物品，但是什么也没有搜到。众人让他们把箱子也打开，张三赶紧说："这里面都是我准备回家奔丧的丧葬用品，不吉利！恐怕冲了大伙的财气。"陈一卦却非要打开，张三神色大变。住客们就怀疑是他偷了钱，一致要求开箱。张三和另外两个人顿时汗如雨下，想要夺路而逃，可是被大家拉住了。旅店老板亲自打开箱子，居然是两具尸体！

原来,为了夺财,两个布贩子早已被张三那三个人害死了,并且偷藏在箱子里。

布贩子既然已被害死,那么其他两个人又是谁呢? 他们又是怎么进的东厢房的呢?

参考答案

张三挑着的两个箱子里,藏着两个同伙。杀完人后,就把死者装入箱里,这样,住店时三个人,出店时也是三个人,就不会引起别人怀疑。

谁是嫌疑犯

A 市的一家银行被盗了。警察很快抓到了 4 名嫌疑人,对他们进行了审讯。4 个嫌犯每人都只讲了 4 句话,并且都有一句是假话。

约克:"我从来就没有到过 A 市! 我没有犯盗窃罪! 我对犯罪过程一无所知! 案发那天我和瑞利一起在另一个市度过的。"

凯曼:"我是清白无辜的! 我在案发那天与瑞利闹翻了。我从来也没有见过约克。约克是无罪的!"

哈桑:"凯曼是罪犯。瑞利和约克从来也没有到过 B 市? 我是清白的! 是约克帮助凯曼盗窃了银行!"

瑞利:"我没有盗窃银行! 案发时我和约克在 B 市。我以前从未见过哈桑! 哈桑说约克帮助凯曼干的是谎言!"

巧提妙问

请你根据 4 名嫌疑犯的上述供词,指出谁是真正的盗窃犯?

参考答案

　　约克是无辜的，不然他的 4 句话中就会有 3 句是谎言。所以他说案发时和瑞利一起在 B 市度过的是谎言。瑞利说与约克在 B 市是谎言，所以其余 3 句是真的，他是无罪的。哈桑说约克帮助凯曼盗窃是谎言，因为约克已说过对犯罪过程一无所知，所以他说凯曼是罪犯，自己是无罪都是真的。而凯曼则只有说自己是清白无辜的这一句是谎言，其余都是真的。因此，他就是盗窃犯。

步幅一样的脚步

　　刑侦队长诺雷退休后,在一家保险公司当一名调查员,主要负责一些意外事故的核查工作。这天中午天刚下过雨,诺雷心想上班反正也没有什么事,就干脆在家看起了电视。刚准备打开电视,手机响了。原来是公司打来电话,说翠苑小区的一个别墅里发生了一起抢劫案,一位女士价值100万元的项链被抢走了,而且这位女士在一个月前为她的财产买了高额保险。如果情况真实又破不了案的话,那么公司必须赔偿她100万元。

　　诺雷急忙赶到翠苑小区,按照公司提供的地址很快就找到了失窃的女士家。这是一幢欧式别墅,前面是一幢西班牙式的洋楼,后面还有一座花园。这位女士大概35岁,她说自己叫莉娅。莉娅女士把他带到屋里。诺雷看到屋子里乱七八糟的,地上堆满了书、衣服和女人的装饰品之类的物品。

　　诺雷让她详细介绍一下情况。莉娅女士说:"今天中午我和一位朋友一起吃的饭。大概两点钟,我们吃完饭,然后我回到了家。我用钥匙打开院门,突然听见屋里有响动,我起先认为是在外经商的丈夫回来了。可是我一进屋门,就看见一个人从屋子的后门跑出去了,那个人比我丈夫更高大、更强壮。我的项链盒当时就扔在了地上,项链也不见了。我马上追了出去,那人从后花园跑掉了。当我跑到街上时,那人早已经不见踪影了。"

　　诺雷来到后花园看了看。后花园的地面还没有硬化,地上有两行清晰的脚印。

　　"那大的脚印是那个小偷的,小的脚印是我的。"莉娅女士说。

　　诺雷问:"那您向警察局报案了吗?"莉娅女士摇摇头。

　　"那您刚才说过这两行脚印大的是那个小偷的,小的是您的。"

　　"是的,除您以外还没有任何人来过这里。"

　　"可是,这两行脚印居然没有一处是重叠的,这似乎不太符合当时那紧张的情形。"

莉娅女士有点不太高兴："那您的意思是不是怀疑我骗取你们公司的钱？我是一个遇事不慌、从容镇定的女人。我是不想破坏那人的脚印，这会对以后破案有好处。我不仅没有踩那个贼的脚印，而且回来的时候是从大街上转了一圈，没有从花园经过，就担心会毁掉一些有价值的线索！"

"是的，这的确是很有力的证据和很有价值的线索。"诺雷说，"您真的很聪明！可是我还有一个问题想不明白，您看，这个身材高大的窃贼的步幅竟是如此的小，跟您的还恰好一样，当然我宁愿相信这是巧合，不知您对此有什么看法？"

"当然什么样的巧合都有可能发生，不是吗？您还有什么要问的吗？我有点儿累了，想好好休息一下。"

"您好像说您进门时是用钥匙打开门的。按道理说那个贼应该是从后门进来的，这样的话后面的花园应该是他的必经之处，可是后面花园里的脚印却只有出去的，没有进来的，这是怎么回事？"

莉娅女士勉强挤出一点笑意，说："我觉得这些问题您应该问那个贼吧，可能他是利用了高科技手段飞进来的吧。"

诺雷也笑了："莉娅女士，您真幽默！您今天跟我们公司以及我本人开了一个非常让人害怕的玩笑，那个价值100万元的项链，我敢肯定它并没有被贼偷走，那个贼也许只是一个幻影而已。"

那项链到底有没有被偷走呢？

参考答案

肯定没有。莉娅女士只是谎报。现场的两排脚印步幅的大小差不多，都是她自己"制造"的。

被盗的唢呐

在一个星期日的晚上，一家乐器商店被盗了。

在砸碎了商店一扇门上的玻璃窗后，盗贼钻进了店内。他撬开了3个钱箱，偷走1374克朗，又在陈列橱窗里拿了走一只价值15 000克朗的唢呐，以及一个装普通唢呐的盒子。

警方对现场进行了仔细勘查，最后认定窃案是对该乐器商店非常熟悉的人干的。

调查之后，警方把怀疑对象移到了汉森、莱格和海德里3个少年学徒的身上，而且断定他们3个人中肯定有一个是罪犯。

警方立刻把这3个少年带到警官索伦森先生面前，当时审讯桌子上放着3支笔和3张纸。

索伦森对他们说："我让你们来，是想请你们和我合作，协助我查出罪犯。"

3个少年学徒都表示很乐意，愿意配合警察的调查。

"好的，首先请你们写一篇短文。你们假设自己是窃贼，然后想办法破门进入商店，偷些什么东西，最后采取一些措施来掩盖罪行。好，开始吧，半小时后我来收卷。"索伦森先生高兴地说。

30分钟后，索伦森让他们停笔，并大声朗读自己的短文。

先是汉森，他不情愿地读着：

"星期日早晨，我在乐器店周围进行了仔细观察，最后发现后院是最理想的下手地方。于是到了晚上，我砸碎了一扇边门的玻璃窗，爬了进去。我先找钱，然后在橱窗里拿了一个非常值钱的唢呐，慌忙地溜出了商店。"

轮到莱格说了：

"我先用金刚石刀在橱窗上割一个大洞，这样别人就不会知道是我干的了。同样，我也不会去撬那3个钱箱，因为这样的话会发出声音。我去拿唢呐,偷偷地把它装进盒子里,藏在大衣里面,这样就不会有旁人注意。"

最后轮到海德里:

"深夜的时候,我在暗处撬开商店的边门,然后戴上手套偷走了抽屉里的钱,再偷橱窗里的唢呐。我要用这些钱买一副有毛衬里的真皮手套,等人们把这件事忘了的时候,我再把这只珍贵的唢呐出售。"

索伦森听完非常激动,指着其中一个说:"小伙子,告诉我,你为什么要干这种坏事?"那个少年惶恐万分。

这个少年到底是谁,索伦森靠什么识破了他?

是莱格干的,他知道唢呐是藏在盒子里被偷走的,而且还清楚店里有3个钱箱被撬开,他写的几乎跟实际发生的事实完全相反。

购物的四姐妹

周末,4个好朋友聚在了一起,相约去购物。她们分别买了一块表、一本书、一双鞋和一架照相机,而这4种商品分别陈列在商场的一层至四层(并不是按顺序排列)。现在知道的是:冯小姐是在一层购物;表是在四层出售的;胡小姐一进商场就直奔了二层;陈小姐则买了一本书;冯小姐逛了半天,没有买照相机。

巧提妙问

那么,根据这些线索,你能确定谁在哪一层买了什么东西吗?

参考答案

已知的条件有,冯小姐购买的不是照相机,买书的是陈小姐,表在四楼出售,冯小姐在一楼购物。据此我们首先可以推断出冯小姐买的是鞋。然后以此类推可以得知:冯小姐在一层买了一双鞋,陈小姐在三层买了一本书,胡小姐在二层买了一架照相机,王小姐在四层买了一块表。

逻辑应该这样玩才爽

公主与玉佩

从前有一个公主,不仅拥有惊人的美貌,还很有智慧。一天来了 3 个邻国的王子向她求婚,令公主难以选择。她想了一个办法,她将 3 个王子叫到了一块儿,指着侍者手里拿着的 3 个珠宝盒对他们说:"这里有 3 个珠宝盒,每个盒子上都写着一句话,但是只有一句话是真的。我把一枚玉佩放在其中一个珠宝盒里,谁能最先猜出玉佩放在哪个盒子里,我就答应那个人的求婚。"

于是 3 个王子走到珠宝盒的面前,他们看见金盒子上写着:玉佩在此盒中。银盒子上写着:玉佩不在此盒中。铜盒子上写着:玉佩在金盒中。其中一名最聪明的王子很快得出了答案,最终娶到了公主。

巧提妙问

到底哪句话是真的,玉佩到底在哪个盒子里呢?

参考答案

分析盒子上的话,金盒子和铜盒子上的话是自相矛盾的,所以有一句是真,有一句是假。而这 3 句话中只有一句是真的,所以,银盒子上的话,肯定是假的。银盒子上所写的是"玉佩不在此盒中",既然是假的,玉佩肯定是在银盒子里。

注意每一个细节

一天夜里 11 点左右,小越正要睡觉,突然门铃响了。他打开了门,是一个瘦高个子的男人,正面无表情地盯着他。小越见来人正是他一再躲避的债权人小青,心里不由得倒抽一口凉气。

小青一把推开了小越,气呼呼地走进房间,打量了整个房间,冷笑一声:"这么漂亮的公寓呀! 不会是用我的钱买的吧?"接着大声威胁说,"别再躲了,赶快把钱还给我,要不然我就到法院去控告你!"

"钱,我明天就如数还你。"

"真的?"

"相信我。来,好久不见了,先喝一杯吧。"小越一面道歉,一面忙从冰箱里拿出一瓶白酒。他趁小青犹豫之时,抢起酒瓶朝小青的脑袋砸去,小青连哼都没哼一声,就应声倒在了地上。

小越砸死了小青,急忙把尸体背到停车场,用汽车把尸体运到一个偏僻的公园,丢在了一个角落里。回到家后,他立刻进行了大扫除,用抹布擦掉所有留在桌子和椅子上的指纹,连门把手也擦得干干净净,直到认为房间里再也不会留下小青的痕迹了,才长长地松了一口气。

第二天一大早,小越刚刚起床,就听到"咚咚咚"的敲门声。他打开门一看,竟然是警长托米和侦探摩尔。

托米警长神情严肃地问道:"今天清早,我们在公园里发现了小青先生的尸体,在他裤兜里的便条上写着你家的地址。请问昨晚小青先生到过你家吗?"

小越忙说:"没有啊,我已经有好几年没见到他了。"

这时,站在一旁的摩尔笑了笑,说:"不要撒谎了,小青先生来过这儿的证据,现在还完好地保存着……"

没等摩尔把话说完,小越声嘶力竭地喊道:"胡说! 拿出证据来啊!"

"淡定,自己看,在那儿!"小越顺着摩尔指的地方一看,顿时呆若木鸡,在那里的确留下了小青的指纹。

你知道留在什么地方吗?

参考答案

留在门铃按钮上。所以一开始托米他们进来时没有按门铃,而是直接敲门,就是为了保留上面的指纹。

店员的智慧

一家水果店里刚刚收到了快递公司送来的 3 箱水果。这 3 个箱子里分别装着苹果、梨以及苹果和梨,箱子外面也分别贴着 3 种标签。但是粗心的发货公司却把 3 个标签完全贴错了,也就是说,现在 3 个箱子上的标签没有一个是对的。

水果店的一个机灵的店员只是从一个箱子里拿出一个水果看了看,便立刻把所有的标签都换了过来,而且事实证明他全部贴对了。

巧提妙问

他到底是从哪个箱子里拿出的水果呢? 又是如何分辨出来的?

参考答案

既然 3 个箱子上的标签全部贴错了,那也就是说,贴着苹果标签的箱子里不是梨就是苹果和梨;贴梨的箱子里不是苹果就是苹果和梨;而贴苹果和梨的箱子里不是苹果就是梨。

这样一分析我们就能看出来,水果店的伙计肯定是从贴着苹果和梨的箱子里拿的水果。因为如果拿出的是苹果,就能判断出箱子里是苹果。同理,拿出的是梨的话,箱子里就是梨。判断出了这个箱子里的东西后,另外两个箱子里装的是什么水果也就很容易弄清楚了。

电梯里的人

有个男人住在十楼。每天他会乘电梯下到大堂,然后离开。晚上,他会乘电梯上楼,如果有人在电梯里,或者那天下雨,他会直接乘到第十层。否则,他会乘到第七层,然后走三层楼梯到他的公寓。

巧提妙问

你能理解这是为什么吗?

参考答案

这个男人是个侏儒。他够不到电梯上层的按钮,但是他可以叫其他人帮他按,在下雨的时候他也可以用他的雨伞按,而既没有其他人也没有带雨伞时,就只好按到他能够到的最高一层即第七层,剩下的爬楼梯。

蓝色跑车

一天黄昏,杰克警长来到侦探事务所找到侦探托米。

"嘿,警长,有事吗?"

"停车场里边那辆蓝色的跑车是你的吧?""是的。"托米说。"这样的话,你就倒霉了。作为重要证人,你必须跟我去趟警局。"警长莫名其妙的几句话,让托米大吃一惊。

"到底发生什么事了?"托米问道。"昨晚 11 点左右,一个商业间谍潜入太阳能研究所,被警备人员发现后,搭乘一辆蓝色跑车仓皇逃走了。"警长回答。"这么说那辆车是我的喽?""没错,空地上还留有轮胎的痕迹。刚才,鉴定科的人已经勘查了你的车,证实轮胎痕迹与现场的轮胎痕迹完全一致。哪怕是相同品牌的轮胎,磨损及损伤状况也各有各的特征,轮胎痕迹也和脚印一样,是决定性的证据。"被警长这么一说,托米越发吃惊了。

"可是,我当时并不在场啊。昨晚 10 点,我去探访了推理小说作家加恩先生,聊了两个多小时,大约 12 点半离开他家的。"

"这段时间你的车在哪儿呢?"

"就在加恩先生家门口的停车场上,而且锁得好好的啊。"

"这么说罪犯是用备用钥匙开走了你的车。从加恩先生住的公寓到太阳能研究所大概是一小时的车程,来回也才两个小时。"警长说道。"这绝对不可能的。我有个习惯,开车时总要先看一下里程表,昨晚看时,里程表的数字没有变化呀。这就是说我在加恩先生家这段时间里,我的车一直在停车场。""嗯……的确有点奇怪,可是现场为什么会留下你的车胎痕迹呢?"杰克警长怎么都想不通。

你知道罪犯玩的是什么把戏吗?

参考答案

罪犯当时把托米那辆车的轮胎卸了下来,换到了自己的蓝色跑车上,作案后又换了回来。

双胞胎姐妹

露西与莉莉是对双胞胎姐妹。在愚人节这一天,姐妹俩约定:姐姐露西在上午说真话,下午说假话;妹妹莉莉在上午说假话,下午说真话。

姐妹俩外貌酷似,只是高矮略有差别,简直分不清谁是姐姐,谁是妹妹。所以,当朋友来她们家里玩时,朋友也弄糊涂了。但是朋友知道在这一天姐妹俩的约定。

朋友问道:"你们俩哪个是露西?""是我!"稍高的一个回答说。"是我!"稍矮的的一个也这样回答。考虑了一会以后,朋友提出了一个问题:"现在是几点钟呢?"稍高的回答说:"快到正午12点了。"稍矮的一个则回答说:"12点已经过了。"根据两人的答话,聪明的朋友马上就推断出了哪个是露西。

朋友去她们家是在上午,还是在下午? 个子稍高的那个是露西,还是莉莉?

参考答案

我们可以用假设法来解此题。

如果当时是下午。那么按照约定,露西是说假话的,莉莉是说真话的,因此当朋友问"你们当中哪个是露西"时,无论稍高的还是稍矮的都会说"不是我",而她们俩却都说"是我"。可见当时不是下午,而是上午。

既然当时是上午,那么"快到中午了"这句答话是真话,也就是说稍高的一个是说了真话,由于已知在上午说真话的是露西,说假话的是莉莉,所以稍高的一个是露西,稍矮的一个是莉莉。

谜　底

警长艾德和乔治终于找到了银行抢劫犯藏身的地方。两人潜入劫匪所躲藏的 408 房间。突然,大门打开了,跑出了 4 名男子并对艾德和乔治开枪。艾德不幸被 4 发子弹击中而身亡,劫匪也逃脱了。

调查之后,得知这 4 名劫匪的名字分别是:曼逊、丹、李克和卡尔。而从艾德身上取出的子弹经检验是由同一把手枪射出的,因此凶手是 4 个人中的一个。

警方还了解到一些事:

这 4 个人中,这群劫匪的首领曼逊曾经担任过法文老师。李克一直巴结首领,但首领却不怎么信任他。丹、卡尔以及首领的妻子关系却非常好。射杀艾德的凶手和首领是好朋友,他俩曾经在同一所监狱中服刑。抢劫银行时,卡尔和射杀艾德的凶手比其他人出力更多,所以两人比其他人多得了2万美元。

现在你知道案件的谜底了吗?

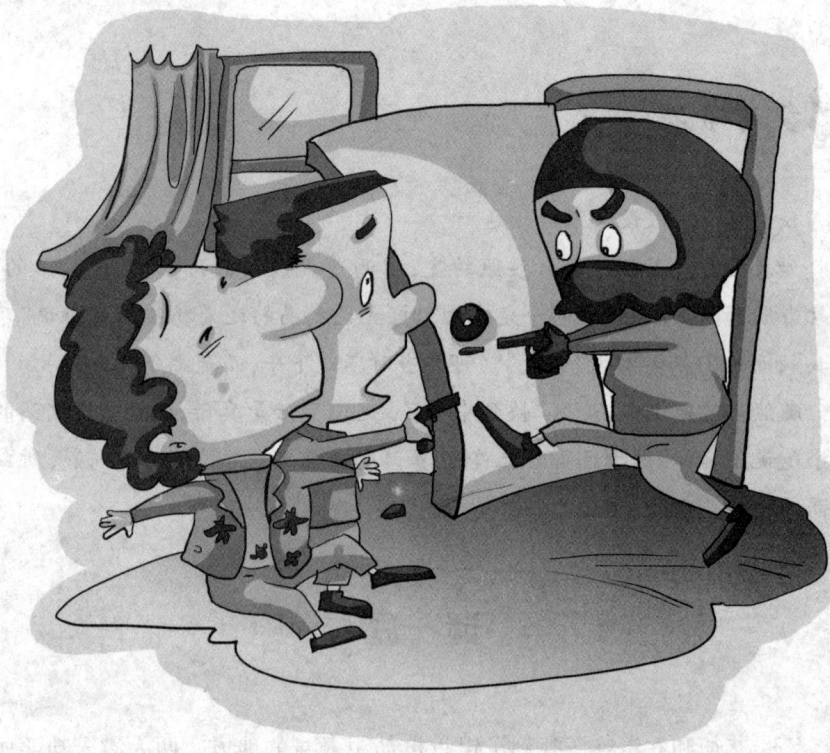

参考答案

第一个被排除的是首领曼逊;李克不是首领的好朋友,所以也不会是凶手;卡尔与射杀艾德的凶手在抢劫银行后多得了2万美元,因此卡尔也不是凶手。

所以,最后的谜底:丹是凶手。

神秘的工作者

某学院哲学系一位同事神秘兮兮地对朋友说,我们系里总共有 16 名教师和助理,而且无论计不计算我,以下条件都不会改变:

1. 教师多于助理。
2. 男助理多于男教师。
3. 男教师多于女教师。
4. 最少有一位女助理。

巧提妙问

该系所有教职员工的性别、职务以及人数各是多少,而讲这段话的人又是其中的什么人?

参考答案

(一)既然教师和助理的总人数是 16 人,则:

由提示 1,可知,教师最少有 9 位,助理最多有 7 位。结合提示 4,可知,男助理最多有 6 位。而男助理多于男教师,可知,男教师必定不到 6 位。男教师又多于女教师,可知,男教师必定超过 4 位,男教师刚刚好是 5 位。

综合这些条件,教师刚刚好是 9 位,所以,女教师是 4 位。

由于教职员总共 16 位,可知,助理共有 7 位。又由提示 2、提示 4,可知,男助理刚好是 6 位,而女助理只有 1 位。

(二)男教师有 5 位,女教师有 4 位,男助理有 6 位,女助理有 1 位。因此,如果:

把一位男助理排除在外,则与提示 2 矛盾。

逻辑应该这样玩才爽

把一位男教师排除在外,则与提示 3 矛盾。

把一位女助理排除在外,则与提示 4 矛盾。

把一位女教师排除在外,则与任何一条提示都不矛盾。

因此,答案是:5 位男教师,4 位女教师,6 位男助理,1 位女助理。讲话者是女教师。

谁是对的

甲、乙、丙三个人在一起做作业。有一道数学题比较难。当他们 3 个人都把自己的解法说出来以后,甲说:"我做错了。"乙说:"甲做对了。"丙说:"我做错了。"老师凑巧从旁边过去,看到他们的答案并听了他们的意见后说:"你们 3 个人中有一个人做对了,有一个人说对了。"

巧提妙问

请问,他们 3 人中到底谁做对了?

参考答案

如果甲做对了,则:甲说错了,乙说对了,丙说对了。两个人说对,不符合题意;

如果乙做对了,则:甲说对了,乙说错了,丙说对了。两个人说对,也不符合题意;

如果丙做对了,则:甲说对了,乙说错了,丙说错了。一个人说对,一个人做对,符合题目要求。

棘手的难题

一个寒冷的冬季，一家旅店被两对新婚夫妇包场了。他们邀请了很多亲戚朋友来见证他们的结婚典礼。这两对新人分别是皮特和瑞秋，还有卡罗和雅丽。之前卡罗暗恋过瑞秋，可是被瑞秋拒绝，卡罗和皮特又是好朋友。雅丽从高中就开始一直爱慕皮特。她是一个大胆前卫的女孩，穿了一件展露身材的白色婚纱；瑞秋穿的却是非常保守的红色礼服。她们两个人的容貌也有几分相似。

那天,这两对新人商量好,要各自送给对方一份礼物,并以此互祝白头偕老。趁大家跳舞庆祝的时候,四个人就回到他们各自的房间找礼物。过了很久,只有卡罗一个人回来了。卡罗说雅丽不太舒服,就不出来了。可是过了很久,皮特和瑞秋还是没有出来。大家就想去看看到底发生了什么事,上了楼,冲在最前面的卡罗发现穿着红色礼服的瑞秋居然昏倒在门口。卡罗立刻抱起了瑞秋,到隔壁的房间里去。突然,大家看到皮特的胸口被人插了4把尖刀!大概过了半分钟时间,卡罗把瑞秋安顿好,和雅丽一起从房间中出来,锁上了房门。

由于地点比较偏远,警方大约在半小时后才赶到。警察问瑞秋在哪里,卡罗说在他的房间里,可是进去一看,竟然发现瑞秋被人用非常残忍的方法杀害了,身上被捅了几十刀,血流成河。

警察做出了初步的推断:凶手先是杀了皮特,然后把现场布置成一间密室。瑞秋可能是去上厕所,等她回来的时候发现门从里面上了锁,就用钥匙开门,却发现皮特惨死,便昏了过去。然后卡罗将瑞秋抱到了隔壁的房间去。凶手也许早已藏在房间内,等卡罗和雅丽出来,就凶残地杀死了瑞秋。

可是经过后来仔细的调查,证实警察起初的推断是错的。那么,到底谁是真凶呢?

参考答案

卡罗和雅丽是凶手。这两个人分别在两个房间里杀害了皮特和瑞秋,然后雅丽穿上红色的礼服假扮瑞秋出现,让大家误以为她是瑞秋,雅丽假装昏倒被卡罗抱进房间,换上白色婚纱再次出现。

鞋子是什么颜色

小丽买了一双漂亮的鞋子。她的同学都没有见过这双鞋子。小丽让大家猜猜鞋子是什么颜色的。小红说:"你买的鞋不会是红色的,你从来不喜欢红色。"小霞说:"你买的鞋子不是黄色的就是黑色的。"小玲看了看现在小丽身上的衣服说:"根据你服装搭配的风格,我猜你买的鞋子一定是黑色的。"这3个人的看法至少有一种是正确的,至少有一种是错误的。

巧提妙问

请问,小丽的鞋子到底是什么颜色的?

参考答案

假设小丽的鞋子是黑色的,那么3种看法都是正确的,不符合题意;假设是黄色的,前两种看法是正确的,第三种看法是错误的;假设是红色的,那么3句话都是错误的。因此,小丽的鞋子是黄色的。

是谁偷吃的

赵女士买了一些水果准备去看望一个朋友。谁知,这些水果却被他的儿子偷吃了。赵女士非常生气,但她不知道是4个儿子中的哪一个偷吃的。为此,她把4个儿子叫到一块,开始盘问他们。老大说道:"是老二吃的。"老二说道:"是老四偷吃的。"老三说道:"反正我没有偷吃。"老四说道:"老二在说谎。"这4个儿子中只有一个说了实话,其他的3个都在撒谎。

巧提妙问

那么,到底是谁偷吃了这些水果和小食品?

假如老大说的是实话,那老二就在撒谎,老四说老二说的也是撒谎,互相矛盾,所以老大说的是谎话。所以不是老二偷吃的。

第二次假设老二说的是实话,那就是老四偷吃的,但是这又与老三的话相矛盾,所以老二也在撒谎,不是老四偷吃的。

再次假设老三说的是实话,而老二与老四的话是有矛盾的,所以老三也在撒谎。

这样一来,只有老四说了实话,其他的都在撒谎。因此,老三说的"反正我没偷吃"就是谎话,就是他偷吃的。

夜明珠哪里去了

一个大商人的夜明珠丢了。报官之后,捕快们开始四处寻找。根据线索,他们来到了一座山上,看到有 3 个小屋,分别为 1 号、2 号、3 号。从这 3 个小屋里分别走出来一个女子,1 号屋的女子说:"夜明珠不在此屋里。"2 号屋的女子说:"夜明珠在 1 号屋内。"3 号屋的女子说:"夜明珠不在此屋里。"这 3 个女子,只有一个人说了真话。

巧提妙问

那么,谁说了真话,夜明珠到底在哪个屋里面?

参考答案

我们可以进行 3 种假设:

1号说了真话。夜明珠不在1号屋,那就在2、3号屋里。2号说在1号屋里,那就是错的。3号说不在3号屋,那也是错的。

　　2号说了真话。那1号说的就是错的,而3号说的是对的。不符合题目。

　　3号说了真话。那夜明珠就在1、2号屋里,也不符合题目。

　　综上所述,1号说了真话。夜明珠在3号屋里。

是谁摘走了葡萄

有4只小松鼠一块去果园摘果子,回来时妈妈问它们都摘了什么果子。松鼠A说:我们每个人都摘了葡萄。松鼠B说:我只摘了一颗樱桃。松鼠C说:我没摘葡萄。松鼠D说:有些人没摘葡萄。妈妈仔细观察了一下,发现它们当中只有一只松鼠说了实话。

巧提妙问

那么下列的评论正确的是:

a. 所有松鼠都摘了葡萄;

b. 所有的松鼠都没有摘葡萄;

c. 有些松鼠没摘葡萄;

d. 松鼠B摘了一颗樱桃。

参考答案

假设松鼠A说的是真话,那么其他3只松鼠说的都是假话,这符合题中仅一只松鼠说实话的前提;假设松鼠B说的是真话,那么松鼠A说的就是假话,因为它们都摘水果了;假设松鼠C或D说的是实话,这两种假设只能推出松鼠A说假话,与前提不符。所以a选项正确,所有的松鼠都摘了葡萄。

救　人

早上,监狱里逃出来了一个犯人。

下午,他溜进一家珠宝店里准备大偷一番。刚进去没一会儿,珠宝店老板就回来了,于是他躲了起来。不久,一个男子进来,还拉着一个女子。老板一上前,突然,被这个男子一枪打死并拖到了暗处。

看到这里,逃犯不停颤抖。过了一会儿,街道上已有了行人,逃犯越来越惧怕,最终还是被杀人犯发现了。

门突然开了,有一位顾客手里拿着报纸走进来,杀人犯叫逃犯把这位客人打发走。

逃犯笑着接待了这位顾客,并且卖了一串项链给客人,还和客人聊了几句。

不久,警察突然进来了,把逃犯与杀人犯都抓走了。那个被杀人犯带来的女子是被绑架的一个富翁之女。

既没让杀人犯发觉有问题,又把警察叫了过来,逃犯是怎样做到的?

参考答案

逃犯对那位客人说:"请问下午的报纸上有关于我的新闻了吗?"因为他早上才越狱,下午的报纸可能有相关的报道和逃犯照片,所以客人离开后就报了警。

到底该走哪条路

有一个外地人路过一个小镇,此时天色已晚,于是他决定找家宾馆去投宿。当他来到一个十字路口时,他知道肯定有一条路是通向宾馆的,可是路口却没有任何标记,只有3个小木牌。第一个木牌上写着:这条路上有宾馆。第二个木牌上写着:这条路上没有宾馆。第三个木牌上写着:那两个木牌有一个写的是事实,另一个是假的。

巧提妙问

按照第三个木牌的话为依据,你觉得他会找到宾馆吗? 如果可以,哪条路上有宾馆?

参考答案

假设第一个木牌是正确的,那么第一个小木牌所在的路上就有宾馆,第二条路上就没有宾馆,第二句话就该是真的,结果就有两句真话了;假设第二句话是正确的,那么第一句话就是假的,第一二条路上都没有宾馆,所以走第三条路,并且符合第三句所说,第一句是错误的,第二句是正确的。

遭窃的名钻

一个富豪的价值百万的名钻被偷了。窃贼确定是一起前来参加富豪举办的晚宴的 A、B、C、D、E 中的一个。他们在接受警方盘问的时候,都各说了3句话:

A:我没有偷钻戒;我从小到大没偷过任何东西;是 D 偷的。

B:我没有偷钻戒;我家里很有钱,而且我自己有很多钻戒;D 知道是谁偷的。

C:我没有偷钻戒;我在还没有走向社会前并不认识 E;是 D 偷的。

D:我没有偷钻戒;是 E 偷的;A 说是我偷的,他说谎。

E:我没有偷钻戒;是 B 偷的;C 可以为我担保,因为我和他从小在一起。

警方经过仔细分析后,发现每个人所说的话中只有两句是真的,另外一句是假的。

巧提妙问

请问,到底是哪个人偷了富豪的百万名钻?

参考答案

从提示可知,D 虽然被最多人指证,但他并非偷钻戒的小偷,否则就和题目每个人的话只有两真一假互相矛盾。据此,可再依序推知,百万名钻是 B 偷的。

还有个更简单的方法,因为每个人的 3 句话中只有一句谎话,而且只有一个小偷,只要说自己没偷,而又说别人偷的,一定不会是小偷,不然的话都会是谎话。全部的人除了 B 外,都说了那两句话。所以,钻戒是 B 偷的。

故弄玄虚

博物馆进了一批新的出土文物,可是在开箱清点时,忽然发现有一件珍贵的青铜器不见了。经警方调查,有两个人非常可疑。

其中一个是瘦高个,另一个是矮胖子,当他们发现有人跟踪他们时,就朝海边的一座山上仓皇逃去。他们清晰的脚印也被留在了他们走过的小路上,脚印延伸到一个陡坡边的乱草丛中消失了,之后又在坡上再次出现,一直延伸到悬崖边。

警员搜索了一番,发现旁边草丛中有一个笔记本,本子的最后一页上写着:"一切都将过去,一切皆可抛弃……"

一位警员看后说:"他们可能自杀了。"警长仔细查看了脚印,悄悄地对警员说:"你仔细研究过这个脚印吗?你想啊:土坡上大个子的步幅比小个子的小,大脚印有几次压在小脚印上,而小脚印却从来没有压上大脚印……"然后警长自信地说:"他们还在世上,就藏在土坡附近,分头寻找!"

果然在坡下百米外的一个茅棚里揪出了这两个罪犯。在押送犯人的路上,警员这才恍然大悟道:"差点儿被他们骗了!"

请问,两个罪犯布下了什么疑阵?

🎈参考答案

这两个罪犯走到坡下,然后矮胖子上了坡,手里拿着着高个子的鞋,来到悬崖边后,他把笔记本扔到了草丛中,然后,换上了高个子的鞋,倒退着走下来,想要造成两人都跳崖的假象。又因为是退着走,所以步幅自然就比原来的小,这样小鞋印也不会落在大鞋印上,只能是大鞋印落在小鞋印上。

不同的语言

A、B、C、D 四人是一个跨国公司的同事。他们聚在一起聊天。四人分别会中、英、法、日四国语言,其中每人会两种语言:

1.B 不会英语,但是 A 和 C 交谈,要找他翻译。

2.A 会日语,D 不会,但能交谈。B、C、D 三人不会同一种语言

🎈巧提妙问

请说出他们各会哪种语言,理由是什么?

🎈参考答案

如果:

A 日语,汉语

C 法语,英语

D 汉语

又因为 B、C、D 三人不会同一种语言,B 肯定不会日语,且要会一种 A 的语言,一种 C 的语言,则就是汉语,法语(B 不会英语)。

结果整理如下:

A 日语,汉语

B 汉语,法语

C 法语,英语

D 汉语,英语

三个案犯

一天深夜,一栋公寓连续发生 3 起重大刑事案件。一起是谋杀案,住在 4 楼的一名政客被人用手枪打死;一起是盗窃案,住在二楼的一名富商珍藏的油画被盗了;一起是袭击案,住在底楼的一家门窗被暴徒砸烂。

报警之后,大批刑警赶到作案现场。根据罪犯在现场留下的指纹、足迹和搏斗的痕迹,警方断定这 3 起案件是由 3 名罪犯分头单独作案的(后来证实这一判断是正确的)。

经过几个月的侦查,终于搜集到大量的确凿证据,逮捕了 A、B、C 三名罪犯。在审讯中,三名罪犯的口供如下。

A 供称:

1. C 是杀人犯,他杀掉政客纯粹是为了报过去的私仇。

2. 我既然被捕了,我当然要编造口供,所以我并不是一个十分老实的人。

3. B 是袭击犯,因为 B 对一楼住户十分嫉妒。

B 供称:

1. A 是著名的大盗。我坚信那天晚上盗窃油画的就是他。

2. A 从来不说真话。

3. C 是袭击犯。

C 供称:

1. 盗窃案不是 B 所为。

2. A 是杀人犯。

3. 总之我交代,那天晚上,我确实在这个公寓里做过案。

3 名罪犯中,有一个的供词全部是真话,有一个最不老实,他说的全部是假话,另一个人的供词中,既有真话也有假话。

巧提妙问

A、B、C 分别做了哪一个案子,你能推测出来吗?

参考答案

这个案件从分析 A 的口供入手更好一些。

A 说:"我既然被捕了,我当然要编造口供,所以我并不是一个十分老实的人。"分析这句话,就可以推定 A 的口供有真有假。因为,如果 A 的口供全是真的,那么他就不会说自己编造口供;如果 A 的口供全是假的,那么他就不会说自己不十分老实。

既然 A 的口供有真有假,那么 B 的口供或者是全真的,或者是全假的。

而 B 说:"A 从来不说真话。"由此可见,B 的这句话是假的,这就可判定 B 的话不可能是全真的,而是全假的。

既然 B 的话全假,那么 C 的话是全真的。而 C 说 A 是杀掉政客的罪犯,B 不是盗窃作案者,所以 B 是袭击犯,而盗窃油画的罪犯只能是 C 本人了。

偷盗案

侦探家太郎来到日本 D 岛的旅馆度假。很不巧,因遇到异常寒流的袭击,气温骤然下降,早晚都异常寒冷,甚至有时达到零下几摄氏度。就在一个寒冷的午后,电话铃响了:

"太郎先生,不好了! 求您赶紧到我别墅来一趟!"慌慌张张打来电话的是艺术家梅花子。而她事前就晓得这个侦探住在当地的旅馆里。

"发生什么事了?"

"有贼进来我家了。前两天我外出旅游写生,刚刚回到家里一看,发现屋里已经被翻得乱七八糟的。"

"那有什么东西被偷了吗?"

"也没有什么值钱的东西,照相机是便宜货,服饰上的宝石也都是赝品……可我还是个单身女士呀,如果连内衣也给偷走了,想起来心里真有些害怕啊。"

"好的,我这就过去。"

梅花子的别墅坐落在环湖半周的杂木林中。太郎到她那里的时候,她正在门口着急地等着。

"您看那儿,留有罪犯的脚印。"她边说边将侦探领到东侧的院子里。这时已接近黄昏,院子被别墅的阴影遮住,地面特别潮湿,所以罪犯的脚印十分清晰。这是一个鞋底是锯齿花纹的高腰胶鞋的脚印。罪犯应该就是从这里进来,打碎厨房的玻璃门进入室内的。

"那您报案了吗?"

"还没有呢。因为也没有什么值钱的东西被偷,所以才……"

"按道理还是应该先向警察报告一下,假如是溜门撬锁的惯犯,警方档案中可能会有记录的。我和这儿的警察署长是老朋友,让我来同他说一声。"侦探通过画室里的电话向警方报了案,然后就把以后的调查委托给当地的警察去办理了,自己就回旅馆去了。

到了夜晚,侦探突然接到警察署长的电话,说是两名嫌疑犯已经找着了。

"什么,找到两个?"侦探感到非常吃惊。

据署长说,一个叫小村明彦,昨天夜里 10 点钟,巡逻警察看见他在现场附近徘徊。另一个叫黑木和也,今天中午 12 点 30 分左右在现场附近,周边别墅的管理员都认为这人行迹非常可疑。

"那这两个人是不是都穿着高腰胶鞋呢?"侦探问署长。

"这不太清楚,具体的我还没有核实,但是已经搜查过他们的住处,并没有发现胶鞋。大概是担心被当作证据而已经处理掉了。"

"那么,小村明彦从今天早晨天不亮到中午过后这段时间里有没有不在现场的证据呢?"

"小村明彦从深夜11点到中午过后这段时间内的确有不在现场的证据。他一直在亲戚家里玩纸牌，早晨7点半左右才去上的班。"

"果真如此……"

"可是，先生，在这以前有人曾看见他在现场附近出现过，所以他的不在现场证据是没有什么意义的。"

"可是这两个人之中，谁才是真正的罪犯，有这些证据就够了。昨天夜里是晴天，天气不是很冷吗，那么罪犯是……"侦探很自信地说出了罪犯的名字，让电话另一头的署长大吃一惊。

那么，侦探指出的罪犯到底是小村明彦还是黑木和也呢？

参考答案

黑木和也。假如罪犯是昨天夜里作的案，鞋印会因为潮湿而变得模糊，这就说明是天亮后，也就是霜融化后作的案。

一封奇怪的信

那是一个风雪交加的傍晚，巴县警署侦探邵梅庭正和家人围坐在小火炉旁烤火，聊天。忽然，门外传来了一阵急促的敲门声。

"是谁？"邵梅庭站起来，走过去开门。

是一位年轻的警官。他向邵梅庭举手敬礼，并报告说："署长请先生马上去一趟。"

警察署里，署长正在着急地等待着邵梅庭。一见到他，署长赶忙说："梅庭君，快快请坐。刚刚得知罗佩弦先生忽然过世了！"

听到罗佩弦先生过世了，邵梅庭顿时感到非常诧异。他问道："这位先生好像没有什么病，怎么可能突然死了呢？"

于是，两人来到了邵家。这时，夜幕已经降临，这个小镇上的店铺、住户都点亮了灯。他们一进大厅，就看见了罗佩弦的尸体摆放在一张白床上，还有他年轻貌美的妻子张氏站在旁边低声抽泣着。署长和邵梅庭走到尸体旁，仔细观察了一下。罗佩弦的脸色惨白，满是恐惧，除此之外，就再没有发现任何可疑的地方。

"夫人，请问罗先生死的时候你有没有在场？"邵梅庭问。

"在。"

"那你可以和我们详细地说说他是怎么死的吗？"

张氏掏出手帕，擦了擦挂在腮边的泪珠，慢慢地说道："这几天，我家闹鬼了，每天都会出现三四次鬼火。而我的丈夫最怕鬼火了，每次见到鬼火就吓得魂飞魄散。今天一起床，我丈夫就来到屋檐下，鬼火突然又出现了，他立刻被吓昏过去，瘫倒在地上。我听到动静赶到他身边时，他就已经断气了……"

听完张氏的描述，邵梅庭和张氏来到了屋檐下。

"罗先生是在这里被吓死的吗？"

"是的。"

邵梅庭勘查了一下现场，也没发现什么可疑的现象。"罗先生被吓死的时候，还有其他人在场吗？"

"哦！保姆英子也在。"

邵梅庭差人把英子叫过来，问她："你家主人死的时候，你看见了没有？"

"看见了。"英子也把罗佩弦死时的情形述说了一遍，和张氏描述的一样。

调查没有进展，署长同邵梅庭起身告别。临走时，他们对张氏说："你不要太伤心了，还是先把死者安葬了吧，过几天我们再来驱鬼。"

张氏不由得又潸然泪下，连声向署长和邵梅庭表达谢意。

两个人刚走出罗家不远，就看见有一个老汉挑着一副担子走过来，一边走一边喊："收废纸喽！"

邵梅庭回过头，看见罗家的保姆英子拿着一个篮子从门里走出来，然后把篮子里边的东西倒进了老汉的筐里。等英子走进罗家大门以后，邵梅庭快速来到老汉跟前,发现英子倒进筐子里的都是些旧信。他一封封查看着,居然发现了一封奇怪的信。他向这位老汉讨要了这封信,把它拿给署长看,只见上面写道:

"禾五三牛四又二十一见四五彳八四,壹三一日首人六又三十八殳七九止二二虫十五又二十四牛又二十一。"

署长也感到非常奇怪,茫然不解:"真是天书啊!恐怕连语言学家也难解其意吧!"

邵梅庭却笑着说:"虽然我现在不能解释这信里说的是什么意思,但是这封信却让我明白了一个问题。我认为,恐怕这封信和鬼火的出现及罗先生的死都有联系。"

署长也恍然大悟:"你是说,一定是张氏有了外遇,因此才出现了这些迷惑众人的怪现象。"

"不过,现在证据还不足。但是我想,只要弄明白这封天书里写的是什么,案子就不难破了。"邵梅庭信心满满地对署长说。

那天夜里,邵梅庭躺在床上辗转反侧难以入睡,一直在揣摩着这封奇怪的信。

"禾、牛、见、……"邵梅庭小声念着,然后翻起《康熙字典》来。蓦地,他惊叫起来:"天啊!真是个恶女人啊!"

第二天,邵梅庭也发出了一封"天书"。回信诱惑张氏前来,果然,她自投了罗网。经审问,她证实了和镇里某中学一个姓杨的教员通奸并制造鬼火来吓死罗佩弦的罪行。邵梅庭拘捕了她,查明了这桩奇案。

邵梅庭是如何识破"天书"的呢?

参考答案

他发现在这封"天书"里,字后第一个数字是笔画数,第二个数字是康熙字典里的第某个字,据此,他读出"天书":秘物觅得,不日来杀此蠢物。

到底赔了多少钱

一天,小赵的小超市里来了一位顾客,挑了 20 元的货,顾客拿出 50 元,小赵凑巧没零钱找不开,就到隔壁小韩的店里把这 50 元换成零钱,回来给顾客找了 30 元零钱。过一会儿,小韩来找小赵,拿着小赵的那张 50 元,那竟然是张假钱,小赵只好给小韩换了张真钱。

巧提妙问

在这一过程中小赵赔了多少钱？

参考答案

首先，顾客给了小赵50元假钞，小赵没有零钱，换了50元零钱，此时小赵并没有赔。当顾客买了20元的东西，由于50元是假钞，此时小赵赔了20元，换回零钱后小赵又给顾客30元，此时小赵赔了20＋30＝50元。当小韩来索要50元时，小赵手里还有换来的20元零钱，他要再从自己的钱里拿出30元，此时小赵赔的钱就是50＋30＝80元，所以小赵一共赔了80元，如果你这么认为的话，就错了，其实很简单，小赵只是把50元真钱换成了假钱而已，所以，小赵共赔了50元。

该怎样过桥

星期天，小伟全家人出去游玩。由于玩得太高兴了，忘记了时间。小伟想起的时候已经是黄昏了。他们慌慌张张来到一条小河边，急着到对面去赶最后一班的公交车。他们只有3分钟的时间，河上有座桥，一次只允许两个人通过。如果他们一个一个过桥的话，小伟需要15秒，妹妹要20秒，爸爸要8秒，妈妈要10秒，奶奶要23秒。如果两个一块过桥的话，只能按照走路慢的人的速度来走。过桥后还要走2分钟的路。

巧提妙问

问小明一家能否赶上公交车，他们该怎样过桥，过桥用了多长时间？

第一步：在这里奶奶走的最慢，其次是妹妹，然后是小伟、妈妈、爸爸，所以因该让走的最慢和次慢的同时过桥，也就是先让奶奶和妹妹过桥，所用时间以奶奶为准，即23秒；

第二步：这一次同样让走路最慢和其次的同时过，即小伟和妈妈过桥，所用时间以小伟为准，即15秒；

第三步：这一次爸爸一个人过，所用时间是8秒。此时他们一家过桥一共用了46秒；

第四步：过完桥他们还要走两分钟的路，总共需要两分钟46秒，所以他们赶上了公交车。

卖苹果的人

一个商人赶一辆马车走50千米的路程去县城卖苹果，他总共有50箱苹果，一个箱子的容量是30个，马车一次可以拉10箱苹果。商人进城时总喜欢带上他的小儿子，在进城的路上，他的儿子每走一千米都要吃掉一个苹果。

巧提妙问

那么商人走到县城开始卖时还有多少个苹果？

参考答案

由于马车一次运10箱苹果，一箱有30个苹果，也就是商人进一次城时

逻辑应该这样玩才爽

运 300 个苹果,走一千米商人的儿子都要吃一个,当到达城里时,他的儿子已经吃了 49 个苹果。所卖苹果总数是 $50 \times 30 - 49 = 251$ 个苹果。

开灯的人

星期天,妈妈带着小君一块去逛了一天街,回来后天已经很黑了。妈妈开开门后叫小君先跑过去开灯。小君很调皮,想捉弄一下妈妈,连续拉了 7 次灯。

巧提妙问

猜猜小君把灯拉亮没,如果拉 20 次呢,25 次呢?

参考答案

小君拉第一次灯时灯已经亮了,再拉第二下灯就灭了,如果照此拉下去,灯在奇数次时是亮的,偶数次是关的,所以 7 次后灯是亮的,20 次是关的,25 次灯是亮的。

小李买饮料

一个夏天的中午,小李拿着宿舍同学一起凑的 40 元钱来到宿舍楼下的商店,他们想用这些钱全部买成饮料。商店老板告诉他,饮料 2 元钱一瓶,而 4 个空饮料瓶可以换一瓶饮料。饮料喝完后,同学们又委托小李拿着空饮料瓶下来换饮料。

巧提妙问

那么,小李可以买到多少瓶饮料?

参考答案

先用 40 元钱买 20 瓶饮料,得到 20 个饮料瓶,4 个饮料瓶换一瓶饮料,就又得 5 到瓶,再得 5 个饮料瓶,还可以换得 1 瓶饮料,这样总共得 20 + 5 + 1 = 26 瓶饮料。

他们被哪所大学录取了

小孙、小李、小江三人分别被哈佛大学、牛津大学和剑桥大学录取,但不知道他们各自究竟是被哪个大学录取了,有人做了以下猜测。

甲:小孙被牛津大学录取,小江被剑桥大学录取;

乙:小孙被剑桥大学录取,小李被牛津大学录取;

丙:小孙被哈佛大学录取,小江被牛津大学录取。

结果他们每个人都只猜对了一半。

巧提妙问

小孙、小李、小江三人究竟是被哪个大学录取了?

假设小江被剑桥大学录取正确,根据甲、乙小孙就不会被牛津和剑桥录取,那么他一定被哈佛录取;小李就要被牛津大学录取,符合题设条件。

聪明的小翠

清朝,有个县官因不关心百姓疾苦而出了名。每天,他就带着一班人马,到乡间游山玩水,吃喝玩乐。

这天傍晚，县官大人来到了古山龙门寨，一看天色已晚，就打算在这里暂住一夜。

下轿之后，他差遣下人去找这寨子里的甲长，并吩咐："要弄20盘山珍野味给老爷下酒。"

一刻钟过后，甲长带着县官来到了小翠家里。入座后，桌子上只摆着两盘韭菜、一盘炒笋干、一盘辣椒，压根没有什么山珍海味，顿时勃然大怒，质问甲长："你耳朵聋了吗？我要的是山珍野味！"

甲长一时神色慌乱，不知该如何回答是好。小翠见状，笑着上前说道："县官大老爷，桌上的菜，正是按照您的吩咐准备的呀！"

说完，小翠一五一十地数给县官听。县官听完小翠的解释，一句话也说不上来，愤然离去。

你猜猜看，小翠都说了些什么话，让县官大人无言以对？

参考答案

小翠解释给县官大人听：两盘韭菜，二九一十八，再加上笋干一盘，辣椒一盘，正好是20盘菜，这些全是山珍野味。

她年龄多大了

4个女孩子在对一部热播电影的主演的年龄进行猜测，实际上她们中只有一个人说对了。

张：她不会超过20岁；

王：她不超过25岁；

李：她绝对在30岁以上；

赵：她的岁数在35岁以下。

巧提妙问

那么,下列推测正确的是:

A.张说得对;

B.她的年龄在 35 岁以上;

C.她的岁数在 30~35 岁之间;

D.赵说得对。

参考答案

这道题最好用排除法。根据条件只有一个人说的是正确的,如果张说得对,那么王和赵说的也对,所以排除 A;同理王说的也不对,如果李说的是对的,赵说的也可能对,反之也是如此,排除 C、D。所以正确答案是 B。

导演姓什么

某届电影节评选结束了。A 导演拍摄的《黄河颂》获得最佳故事片奖,B 导演拍摄的《孙悟空》获得最佳武术片奖,C 导演拍摄的《白娘子》获得最佳戏剧片奖。

闭幕式之后,3 个导演聚在一起聊天。A 导演说:"真是很有意思,恰好我们 3 个导演的姓分别是 3 部片名的第一个字,而且我们每个人的姓同自己所拍片子片名的第一个字又不一样。"这时候,姓孙的导演笑起来说:"真是这样的!"

根据以上内容,推理出这3部片子的导演各姓什么?

参考答案

A 导演姓白,B 导演姓黄,C 导演姓孙。

因为 A 导演说完后另一个姓孙的导演说话了,说明 A 导演不姓孙,他拍摄了《黄河颂》,所以他也不姓黄,所以 A 导演姓白;B 导演不能姓孙也不姓白,B 导演姓黄;剩下的 C 导演姓孙。

不走的挂钟

甲国谍报部门有一位解密专家,化名叫"米加",以舞蹈明星的身份出现在巴黎,任务是刺探法国军情。在她结识的军政要员中,有一位特瑞姆将军,本来已经退役了,但是因为战争需要又重新被召回陆军部担任要职。特瑞姆将军因老伴过世了,耐不住寂寞,对米加追求得很是热烈。没过多久,米加知道了将军把机密文件都锁在书房的秘密金库里。秘密金库设置了拨号盘,必须拨对号码,金库的门才可以打开,而且这号码只有将军一个人知道。米加考虑到他年纪大了,事情又多,最近又十分健忘,所以,秘密金库的拨号盘号码应该是被他记在笔记本上或者其他什么地方了,想必这个地方也不会特别难找。米加检查将军口袋里的笔记本和抽屉里的东西,但都没有找到。

有一天晚上,她用酒灌醉了将军,之后就轻手轻脚地走进书房,这时已经是深夜一点多钟了。秘密金库的门就嵌在一幅油画后面的墙壁上,拨号盘的号码只有6位。她试图转动拨号盘,但是都没有成功。眼看天空透亮,

逻辑应该这样玩才爽

仆人就要进来打扫书房了,米加感到有点儿失望。突然墙上的挂钟引起了她的注意,她发现来到书房的时间明明是午夜 1 点,而挂钟上的指针却一直指向 8 点 15 分 35 秒。这很有可能就是拨号盘的号码,要不然挂钟为什么不走呢? 但是 8 点 15 分 35 秒是 81535,只有 5 位数,这是怎么回事呢? 她进一步思考,最终找到了这个 6 位数,完成了刺探情报的任务。

她是如何找到第 6 位数的呢?

参考答案

若是把所指时间看作 20 点 15 分 35 秒,就变成了 6 位数,即 201535。

哪位是许夫人

许先生认识张、王、杨、郭、周5位女士,其中:

(1)5位女士分别属于两个年龄段,有3位小于30岁,两位大于30岁;

(2)5位女士中有两位是教师,其他3位是秘书;

(3)张和杨属于相同年龄段;

(4)郭和周不属于相同年龄段;

(5)王和周的职业相同;

(6)杨和郭的职业不同;

(7)许先生的老婆是一位年龄大于30岁的教师。

巧提妙问

请问谁是许先生的老婆?

参考答案

由条件3、4可得,张、杨一定小于30岁,郭和周有一个人小于30岁,根据条件7许先生不会娶张、杨。由5、6可得,王和周的职业是秘书,郭和杨有一个人是秘书,根据条件7许先生不会娶王、周。所以只有郭女士符合条件。

六个不同民族的人

有6个不同民族的人,分别是甲、乙、丙、丁、戊和己;他们分别属于以下民族:汉族、苗族、满族、回族、维吾尔族和壮族。现已知:

（1）甲和汉族人是医生；

（2）戊和维吾尔族人是教师；

（3）丙和苗族人是工程师；

（4）乙和己曾经当过兵，而苗族人从没当过兵；

（5）回族人比甲年龄大，壮族人比丙年龄大；

（6）乙同汉族人下周要到满族人所在的城市去旅行，丙同回族人下周要到瑞士去度假。

巧提妙问

请判断甲、乙、丙、丁、戊、己分别是哪个民族的人？

参考答案

甲是壮族人；乙是维吾尔族人；丙是满族人；丁是苗族人；戊是回族人；己是汉族人。

前3个条件说明：甲、戊、丙三个人分别是满族、回族、壮族人；乙、丁、己三个人分别是汉、维吾尔族、苗族；第四个条件说明乙和己不是苗族人，所以丁是苗族人；第五个条件说明甲不是回族人，丙不是壮族人；第六个条件同样说明乙不是汉族人，丙不是回族人。

是谁帮的忙

小红生病了，玲花、小丽、小绿3个同学中有一人帮助她补好了笔记，当小红问这是谁干的好事时：

玲花说："是小丽干的。"

小丽说："不是我干的。"

小绿说:"也不是我干的。"

事实上,有两个人在说假话,只有一个说的是真话。

巧提妙问

那么,这件好事到底是谁做的?

参考答案

我们用排除法来推理:

(1)若是玲花做的,则3人说话中有二真一假,不合题意。

(2)若是小丽做的,则3人说话中还是二真一假,不合题意。

(3)若是小绿做的,则3人说话二假一真,则符合题意。

所以,正确答案为:小绿做的。

胆小的商业间谍

商业间谍杰克的身份已经被人识破,被杰克窃走重要机密的电影公司损失惨重;董事们正虎视眈眈地注视着杰克。

"别交给警方了,干掉他吧。"

"将他碎尸万段吧!"

"不行,还有更好的办法,把这家伙捆起来丢到铁轨上去,这样也不会留下任何证据。今天夜里就干,这段时间先让这家伙好好休息会儿。"

生性贪生怕死而且心脏不好的杰克听到了这一切,惶恐万分,拼命挣扎着企图逃脱,无奈被注射了镇静剂昏睡过去。等醒来时,他已经被牢牢地绑在了铁轨上。而且,还戴上了眼镜。突然,前方传来了轰鸣声,是火车驶来了。如果就这样躺着不动一定会被轧死的,可是身子却不听使唤,杰克挣扎着,可是自己身体丝毫未动。伴着一声绝望的惨叫,杰克的生命结束了。

　　一个小时后,杰克的尸体被发现了。可是不知为什么,找到尸体的地方竟然是某商场的停车场,并且杰克的死因是心脏骤停。这到底是怎么回事呢?

参考答案

　　杰克是受到严重惊吓而导致心脏骤停。电影公司的董事们做了一个酷似于野外的场景:房间里一片漆黑,在替代屏幕的墙壁上使用放映机展现了铁路。远方的列车眼看着向杰克逼近,因为杰克戴着立体眼镜,透过眼镜看到的图像具有立体感,栩栩如生。列车的声音是通过扬声器发出来的。心脏不好的杰克信以为真,因为惶恐过度导致了心脏骤停。

是谁养的鱼

前提:

1. 有5栋5种颜色的房子;

2. 每一位房子的主人国籍都不同;

3. 这5个人每人只喝一种饮料,只抽一种牌子的香烟,只养一种宠物;

4. 没有人有相同的宠物,抽相同牌子的香烟,喝相同的饮料。

提示:

1. 英国人住在红房子里;

2. 瑞典人养了一条狗;

3. 丹麦人喝茶;

4. 绿房子在白房子左边;

5. 绿房子主人喝咖啡;

6. 抽 Pall Mall 烟的人养了一只鸟;

7. 黄房子主人抽 Dunhill 烟;

8. 住在中间那间房子的人喝牛奶;

9. 挪威人住第一间房子;

10. 抽混合烟的人住在养猫人的旁边;

11. 养马人住在抽 Dunhill 烟的人旁边;

12. 抽 Blue Master 烟的人喝啤酒;

13. 德国人抽 Prince 烟;

14. 挪威人住在蓝房子旁边;

15. 抽混合烟 Blends 的人的邻居喝矿泉水。

巧提妙问

请回答：谁养的是鱼？

参考答案

这是一道十分复杂的题，但是我们可以经过细致的推理得出答案，且本题有很多的解题方法。下面仅给出其中一个答案。

推理过程：

首先定位一点，我们是按照房子的位置，从左至右，12345 依次排开。

挪威人住第一间房，在最左边。英国人住红色房子，挪威人住蓝色房子隔壁，挪威人房子的颜色只能是绿、黄、白，绿色房子在白色房子左面，挪威人住蓝色房子隔壁，挪威人只能住黄色房子，抽 Dunhill 香烟。

第二间房是蓝色房子，养马的人住在抽 Dunhill 香烟的人隔壁，所以第二间房子的主人养马。绿色房子在白色房子左面，绿色房子只能在第三或者第四间。如果绿色房子在第三间（即中间那间），住在中间房子的人喝牛奶，绿色房子的主人喝牛奶，这与条件中绿色房子主人喝咖啡相矛盾。假设错误，绿色房子在第四间，其主人喝咖啡。进一步推出第三间房子是红色房子，住英国人，喝牛奶。第五间房子是白色房子。

丹麦人喝茶，绿色房子主人喝咖啡，英国人喝牛奶，抽 Blue Master 的人喝啤酒，挪威人只能喝水。抽 Blends 香烟的人有一个喝水的邻居，抽 Blends 香烟的人只能住第二间房子。

现在我们来整理一下，第一间房子是黄色房子，住挪威人，抽 Dunhill 香烟，喝水。第二间房子是蓝色房子，主人养马，抽 Blends 香烟。第三间房子是红色房子，住英国人，喝牛奶。绿色房子在第四间，其主人喝咖啡。第五间房子是白色房子。抽 Blue Master 的人喝啤酒，既抽 Blue Master，又喝啤酒的人只能住在第五间房子。

德国人抽 Prince 香烟，德国人只能住第四间房子。抽 Pall Mall 香烟的人养鸟，只有英国人抽 Pall Mall 香烟，养鸟。抽 Blends 香烟的人住在养猫的人隔壁，又抽 Blends 香烟的人的隔壁只可能是挪威人或者英国人，养猫的人是挪威人或者英国人，又英国人养鸟，养猫的人是挪威人。

第一间房子是黄色房子，住挪威人，抽 Dunhill 香烟，喝水，养猫。第二间房子是蓝色房子，主人养马，抽 Blends 香烟。第三间房子是红色房子，住英国人，喝牛奶，Pall Mall 香烟，养鸟。第四间房子是绿色房子，住德国人，抽 Prince 香烟，喝咖啡。第五间房子是白色房子，主人抽 Blue Master，喝啤酒。

瑞典人养狗，又第一，二，三间房子的主人都不养狗，第四间房子的主人是德国人，第五间房子住瑞典人，养狗。第一，三，四，五间房子的主人分别是挪威人，英国人，德国人，瑞典人，第二间房子的主人是丹麦人，喝茶。

我们来最后整理一下答案。第一间房子是黄色房子，住挪威人，抽 Dun-hill 香烟，喝水，养猫；第二间房子是蓝色房子，住丹麦人，抽 Blends 香烟，喝茶，养马；第三间房子是红色房子，住英国人，抽 Pall Mall 香烟，喝牛奶，养鸟；第四间房子是绿色房子，住德国人，抽 Prince 香烟，喝咖啡；第五间房子是白色房子，住瑞典人，抽 Blue Master，喝啤酒，养狗。

结论：如果其中有人养鱼，则养鱼的必定是德国人！

一张方块 Q

一天早上，一个人生扑克牌占卜师西子在公寓里被人杀害了。她是被匕首刺中后背致死的，看上去像是在占卜时受到突然袭击，推测死亡时间大概是昨晚 8 点。尸体周围到处都是扑克牌，西子手里还攥着一张牌，是张方块 Q。

"咦？为什么她的手里会有一张方块 Q 呢？"警长非常纳闷。

"可能是留下的线索。"通行的侦探说。

"难道凶手是和货币有关系的人吗？"

扑克牌里的方块是货币的意思。此外,红桃表示圣杯,梅花表示棍棒,黑桃表示剑。

没过多久,结果出来了,有3个嫌疑犯,分别是职业棒球投手、宠物医院院长、歌舞演员,其中的棒球投手与歌舞演员是男性,宠物医院院长是女性。

"这3个人好像同扑克牌里的方块没什么关系。"警长感到不解。

"就算和方块没关系,但可以通过这个线索找出凶手。"侦探说完马上指出了真凶。

那么,线索究竟是什么呢?

凶手就是宠物医院的院长。因为扑克牌里的方块 Q 是女王,也就是女人。被害人暗示凶手是女人,临死前抓住了方块 Q 这张牌,3 个嫌疑犯中只有宠物医院院长是女性。

一元钱哪里去了

有 3 个人一齐去旅店住宿。他们住了 3 间房,每间房的租金 10 元,于是他们付给了老板 30 元。第二天,老板觉得 25 元就够了,于是就让伙计退 5 元给这 3 位客人。谁知伙计贪心,只退回每人一元,自己偷偷拿了 2 元。这样,等于那 3 位客人各花了 9 元,于是 3 个人一共花了 27 元,再加上伙计独吞的 2 元,总共 29 元。可当初 3 个人一共付了 30 元,那么还有 1 元到哪里去了?

巧提妙问

你觉得那一元钱到哪里去了呢?

参考答案

这是个偷换概念的问题,每人每天 9 元,老板得到 25 元,伙计得到 2 元,27 = 25 + 2,也就是说客人花的 27 元里已经包括了 25 元房费和伙计吞掉的 2 元。

逻辑应该这样玩才爽

— 63 —

这本书多少钱

小香和小丽一块到新华书店去买书。两个人都很想买《应用题大全》这本书,但钱都不够,小香缺少 4.9 元,小丽缺少 0.1 元,用两个人合起来的钱买一本,但是钱仍然不够。

巧提妙问

那么,这本书的价格是多少,小香和小丽各有多少钱呢?

参考答案

这本书的价格是 4.9 元。小香口袋里一分钱都没有,小丽口袋里只有 4.8 元,所以她俩加起来都不够。

买马的商人

一个商人从牧民那里用 1000 元买了一匹马。过两天,他认为自己吃亏了,又找到那个牧民,故意挑出了马的很多毛病,要求牧民退回 300 元。牧民说:"可以,如果你能按我的要求买下马蹄铁上的 12 颗钉子,第一颗是 2 元,第二颗是 4 元,也就每一颗钉子是前一颗的 2 倍,我就把马送给你,怎么样?"商人想了想,觉得这样加下去也不会花多少钱,以为自己占了便宜,便爽快地答应了。

请问, 最后的结果是什么, 为什么?

因为按照第二颗是第一颗的 2 倍的规律买时, 所得的数字是成等比数列的, 最终牧民所得的钱数是 4096 元, 这个数字远远大于商人原来付的 1000 元, 所以商人上当了。

迷路的有多少人

有 9 个人在沙漠里迷了路, 他们所有的粮食只够再吃 5 天。第二天, 这 9 个人又遇到了一队迷路的人。这一队人已经没有粮食了。大家便算了算, 两队合吃粮食, 只够再吃 3 天了。所以大家齐心协力, 互相帮助, 终于在三天内走出了沙漠。

那么, 第二队迷路的人有多少呢?

这 9 个人遇到第二队人的时候已经吃掉了 1 天的粮食, 所以剩下的只够这 9 个人自己再吃 4 天, 但第二队加入后只能吃 3 天, 也就是说第二队在 3 天内吃的食物等于 9 个人一天的粮食, 因此, 第二队有 3 个人。

逻辑应该这样玩才爽

免费午餐

一个家庭里面有 5 口人。每到周末,这家人总是会去附近一家饭店吃饭。一天,这家人又聚在这家饭店里。爸爸跟老板已经很熟悉了,就开玩笑地提议让老板给他们点优惠,免费送他们一餐。聪明的老板想了想,说道:"你们这一家人是我们这里的常客了,只要以后再来吃饭你们每人每次都换一下位子,直到你们 5 个人的排列次序没有重复的时候为止。到那一天之后,别说免费给你们送一餐,送 10 餐都行。怎么样?"

巧提妙问

那么,这家人要在这个饭店吃多长时间饭才能让老板免费送 10 餐呢?

参考答案

每次换一下位子,第一个人有 5 种坐法,第二个人有 4 种坐法,第三个人有 3 种坐法,第四个人有 2 种坐法,第五个人有 1 种坐法。$5 \times 4 \times 3 \times 2 \times 1 = 120$。这家人每一周去这个饭店吃一次饭,那他们要去 120 次,得经过 120 周 840 天才能吃到老板免费送的 10 餐。这要等到两年多以后了。

核桃到底有多少

有一堆核桃,如果 5 个 5 个地数,则剩下 4 个;如果 4 个 4 个地数,则剩下 3 个;如果 3 个 3 个地数,则剩下 2 个;如果 2 个 2 个地数,则剩下 1 个。

那么,这堆核桃至少有多少呢?

参考答案

根据题意可知,这5种数法都缺一个核桃,那么如果加1个核桃的话,就可以整除这5个数了。也就是说,加1个核桃,这个数就是2、3、4、5的最小公倍数,也就是120。所以,这堆核桃至少有119个。

狡猾的凶手

天还未亮,正在熟睡的帕森探长忽然被一阵敲门声惊醒。开门一看,敲门的人是住在附近的吉林教授的外甥格林。

他非常不安地对帕森说:"今天吉林舅舅约我晚上到他家,可是路上我有事耽误了时间,到舅舅家时,我喊舅舅他没有回应,我不知道他家里发生了什么事情。我不敢进去,想让您和我一起去看看。"帕森听完,马上穿上外衣同格林出了门。

格林在路上对帕森说:"前几天,我舅舅的一项发明获得了成功,还得了不少奖金,我担心有些人对这笔钱非常眼红,所以我怕他会因此而出事。"

正说着,他们来到了吉林教授的家门口。格林撞开门,伸手去摸灯的开关,灯却没有亮。格林说:"里面还有一盏灯,我去开。"说着,他们走进了漆黑的屋子,没多久灯就亮了。他们发现教授躺在离门口一米远的过道上。格林小声地叫了一句:"啊!"赶忙跨过尸体,回到帕森身边。

帕森马上检查尸体,发现教授已经断气了。屋角的保险柜也打开着,里面已经空无一物。格林惶恐地说:"这是谁干的呢?"

帕森冷笑了一声说道："严肃点,格林先生,凶手就是你!"

那么,帕森是怎么判断格林就是凶手的呢?

参考答案

格林进去开灯时,尸体横在门口,他却没有被绊倒,说明他早已知道门口有具尸体。

帽子是什么颜色的

有3个犯人,被关在同一座监狱里,并且相距不远。但是因为牢门的玻璃很厚,所以3个犯人只能看见对方,不能听到对方的话。一天,国王下令给他们每个人头上都戴了一顶帽子,告诉他们帽子的颜色只有红色和黑色两种,但是不让他们知道自己所戴的帽子是什么颜色。在这种情况下,国王又先后颁布命令:哪个犯人能看到其他两个犯人戴的都是红帽子,就可以释放谁。这个命令颁布一段时间,没有犯人被释放,国王就又颁布了一条命令:哪个犯人知道自己戴的是黑帽子,也可以释放谁。

事实上,他们3个戴的都是黑帽子。只是他们因为被绑,看不见自己的罢了。两个月的时间过去了,他们3个人只是互相盯着,谁都不说话。可是过了不久,一个聪明的犯人,称其为 A 吧,用推理的方法,认定自己戴的是黑帽子,获得了国王的特赦。

巧提妙问

这个聪明的犯人是怎样推理的呢?

参考答案

在国王宣布过第一条命令后,过了一段时间,仍没人被释放。因此,可以证明3顶帽子中没有2顶红帽,也可以说三个人中可能有2黑1红,或者3黑。假设 A 戴的是红帽,于是他就会看见2顶黑的,B 和 C 都可以看见1黑1红。但是既然红帽在 A 头上,那么 B 和 C 都应该确定自己戴的是黑帽。但是他们都没有获赦,所以 A 不可能戴红帽。因此 A 推定自己头上戴的肯定是黑帽。

分蘑菇的方法

天气晴朗,两只小兔子开开心心地到森林里去采蘑菇。森林里的蘑菇可真不少,他们很快就捡了一大堆,但在分蘑菇的时候,两只小兔子却争吵了起来,因为他俩怎么分都嫌不公平。怎样才能把这堆蘑菇平均分配呢?最后,他们找到了森林中最聪明的猴子,让他来处理这个问题。于是,猴子给它们出了个分蘑菇的主意。分完后,两只小兔子都拿着自己的蘑菇,高高兴兴地回去了。

巧提妙问

你知道猴子给他们出的是什么主意吗?

参考答案

猴子给他们出的主意就是:兔子 A 先将蘑菇平均分成两份,然后由兔子 B 在两份中挑走其中的一份,剩下的一份就是属于兔子 A 的。因为蘑菇是由兔子 A 分的,所以在他的眼中,这两份当然是一样多的。兔子 B 在两份中挑选的时候,自然也会挑走他认为比较多的一份。这样,两只兔子便都满意了。

玻璃珠的秘密

假设一个桌子上排列着 100 个玻璃珠,由两个人轮流拿起来装入口袋,谁拿到第 100 个就是胜利者。但是有一个条件:每次至少要拿 1 个,但最多不能超过 5 个。

如果你是最先拿的人,你该拿几个? 以后怎么拿就能保证你能得到第100 个玻璃珠?

一定要先拿 4 个,还剩 96 个。96 是 6 的 16 倍,由于最多可以拿 5 个,最少必须拿一个,所以无论第二个人下次拿几个,你接着拿的必须跟他的加起来等于 6。这样每次你拿完后,剩下的数目都是 6 的倍数。这样等到剩下最后 6 个时,无论第二个人拿几个都是你赢。

秀才的谜底

从前,有个秀才在当地的财主家的私塾里教书。财主是个吝啬的家伙,处处故意刁难秀才,总想借故克扣秀才的工钱。

有一天,快要发薪水了,财主又去找秀才,出了一个谜语:"坐也坐,卧也坐,立也坐,走也坐,打一动物。你要是猜不出来,我就要扣你一半的工钱。"

秀才听罢,笑了笑,对道:"坐也卧,卧也卧,立也卧,走也卧,也打一动物,而且我的谜底能吃掉你的谜底。"

财主顿时傻眼了,猜不出来。

请问,这两个谜语中的谜底到底是哪两种动物呢?

🎈参考答案

财主的谜语谜底是青蛙,因为青蛙什么时候都是蹲着的;秀才的谜底是蛇,蛇一直在匍匐前进,而且蛇也能吃青蛙。

天平应该倾向哪一边

夏天的时候,集市上一个瓜贩子为了称西瓜方便,在天平的一端放了一大块冰块,另一端放上一个西瓜。由于重量相等,天平刚好平衡。

🎈巧提妙问

请问,在这炎热的高温下,你认为天平最后会向哪边倾斜?

🎈参考答案

冰块在炎热的天气里使用,来当作迷惑的条件,实际上冰块化成水重量也不会减轻多少,当那个西瓜很快被卖掉,天平就会向冰块倾斜。

连夜脱逃

清朝时,有一年,慈禧太后为了庆祝自己大寿和颐和园竣工,传旨把江苏的一位著名画师召到京城,要他画一张画挂在仁寿殿里,用来歌颂她的功德。这个画师十分憎恨慈禧太后,但又不敢公然违抗她的旨意,只得遵命来到紫禁城。

画完成之后，慈禧太后带着文武百官前来观赏。只见画上是一个美丽的莲塘，正中的荷叶上托着一个鲜红肥美的桃子。文武百官纷纷拍马屁道："此画有荷花有寿桃，真是切合太后寿诞和颐和园竣工的主旨，妙呀！"

慈禧太后听后觉得很得意，要赏赐画师。画师坚持不受赏赐，而且很快离开京城，不知其踪迹。后来慈禧太后突然醒悟了画中的寓意，不由大怒，命人去把画师抓起来，但是最终没能找到他，只能含恨毁掉了这幅画。

巧提妙问

请问这幅画的含义是什么呢？

参考答案

画里莲叶上托着一只桃子，就是在讽刺慈禧太后在八国联军侵略北京时"连夜脱逃"。

警察怎么知道的

一天黄昏，某公司经理甲一个人坐在家里。他的朋友乙打来电话，刚刚聊了几句话，忽然甲家的门铃响了起来。

"请等一下，我去看看是谁。"

门开了，闯进来一个戴墨镜的家伙，一拳将甲打倒。不速之客一句话也没有说，用一根木棒向甲的头上猛击。甲立即倒在了血泊中，倒下之前只喊了一声"救命！"但是声音非常微弱，邻居们也不会听到。罪犯马上跑向保险箱，企图盗取里面的钱财。

但是出乎罪犯的意料的是，没等他把东西拿走，警察就赶到了现场。

请问警察是怎么知道的，是谁报的案？

逻辑应该这样玩才爽

参考答案

报案者正是和经理甲通电话的那个人。

当凶手敲门时,被害者曾在电话中说:"请等一下,我去看看是谁。"而他在等对方回来讲电话时,听到话筒中传来了"救命"的喊声,就立刻向警方报了案。

小孩儿租房子

有一家三口人刚搬到一座城市,于是夫妻俩带着 5 岁的女儿去找房子。他们跑了一天,直到傍晚,才好不容易看到一张公寓出租的广告。

他们过去看了看,房子很满意。于是,丈夫就前去敲门询问。房东出来,打量了一下三位客人后遗憾地说:"啊,实在对不起,我们公寓不招带孩子的住户。"

夫妻俩觉得很遗憾,但是还是默默地走开了。5 岁的小女孩把事情的经过从头至尾都看在眼里,她突然跑回去按响了房东的门铃。房东出来后,小女孩对他说了几句话,房东被逗得哈哈大笑,竟然答应把房子租给他们,而且说起来这也并没有违背房东的初衷。

巧提妙问

这位 5 岁的小孩子说了什么话,终于说服了房东?

参考答案

小女孩对房东说:"那我就来租您的房子吧,我可没带小孩。"面对这么聪明可爱的孩子,房东当然不忍心拒绝。

一场篮球比赛

在一次篮球比赛中,在同一组里的甲队与乙队正在进行一场关键性比赛。对甲队来说,需要赢乙队 6 分,才能在小组出线。而时间离终场只有 6 秒钟了,甲队只领先了 2 分。要想在 6 秒钟内再赢乙队 4 分,显然是不可能的了。

这时,如果你是教练,你肯定不会甘心认输,还有一次叫停的机会。

逻辑应该这样玩才爽

巧提妙问

你将给场上的队员出个什么主意,才有可能赢乙队6分?

参考答案

再让乙队进一球,这样两队就能打平进入加时赛。因为无论是两分获胜还是加时赛输球,都无法出线了,但是加时赛还是有很大的希望取得领先6分的成绩。乙队也一定配合争取获胜,这是一个双赢的选择。

巧妙分蛋糕

中午时,幼儿园的阿姨把8个小朋友叫到餐桌前。桌子上是一个漂亮的奶油蛋糕。她把蛋糕平均地切成8份,分给8个小朋友,但是蛋糕盒里还剩下一份。

巧提妙问

请问这是怎么回事?

参考答案

她把最后一份连同蛋糕盒一起给了最后一个小朋友。

第二章　逻辑原来是这样的

悖　论

悖论指在逻辑上可以推导出互相矛盾的结论,但在表面上又能自圆其说的命题或理论体系。通俗点说,就是两个观点或事物,无法从一个推导出另一个,反之也不可。这样就形成了一个悖论。

悖论的出现往往是因为人们目前对某些概念的理解认识不够深刻正确所致,所以也不是绝对的。

悖论的成因极为复杂和深刻,对它的深入研究有助于数学、逻辑学、语义学等理论学科的发展,因此具有重要意义。

最著名的悖论包括罗素悖论、说谎者悖论、康托悖论等。

说谎者的悖论

这是一个最古老的悖论,出自公元前 6 世纪希腊的克里特人伊壁孟德,是伊壁孟德所创的四个悖论之一。

一个克里特人说:"我说这句话时正在说谎。"然后这个克里特人问听众他上面说的是真话还是假话?

如果他的确正在撒谎,那么这句话就是真话,所以他不在撒谎;如果他没在撒谎,那么这句话是假的,因而他正在撒谎。

古希腊人曾为此大伤脑筋,怎么会一句话看上去完美无缺,自身没有矛盾,却既是真话又是假话呢? 斯多亚派哲学家克利西帕斯写了 6 篇关于"说谎者悖论"的论文,没有一篇成功。有一位希腊诗人叫菲勒特斯,他的身体十分瘦弱,据说他的鞋中常带着铅以免他被大风吹跑,他常常担心自己会因思索这些悖论而过早地丧命。在《新约》中,圣·保罗在他给占塔斯的书信中也引述过这段悖论。

苏格拉底和柏拉图的悖论

苏格拉底是著名的古希腊哲学家。他和他的学生柏拉图及柏拉图的学生亚里士多德被并称为"希腊三贤"。

苏格拉底和柏拉图的师徒关系是很民主和融洽的,他们提出的先进的教育思想直到今天还有很深的影响。有一次,柏拉图调侃他的老师:"苏格拉底老师下面的话是假话。"

苏格拉底则立即回答说:"柏拉图上面的话是对的。"

这实际上是前文说谎者悖论的翻版。不论假设苏格拉底的话是真是假,都会引起矛盾。

阿基里斯与乌龟的悖论

阿基里斯悖论是芝诺跟朋友开的小玩笑。

阿基里斯是古希腊神话中善跑的英雄。他要去捉一只乌龟。他的速度为乌龟的 10 倍。乌龟在前面 100 米跑,他在后面追,但他永远不可能追上乌龟。因为在竞赛中,阿基里斯首先必须到达乌龟的出发点。也就是说当阿基里斯追到 100 米时,乌龟已经又向前爬了 10 米,于是,一个新的起点产生了;阿基里斯必须继续追,而当他追到乌龟爬的这 10 米时,乌龟又已经向前爬了 1 米,阿基里斯只能再追向那个 1 米。就这样,乌龟会制造出无穷个起点,它总能在起点与自己之间制造出一个距离,不管这个距离有多小,但只要乌龟不停地向前爬,阿基里斯就永远也追不上乌龟!

锦囊妙计

第二次世界大战的时候,在北非的一个沙漠里,德国的坦克军团和英国的军团对峙着。

德军有 700 辆坦克,英军只有 240 辆坦克与一些卡车,在数量上还不到德军的一半。这一军事情报是英军沙利亚将军早就知道的。

沙利亚想用望远镜看一下德军的情况,但是他并不能看见德军的坦克,因为沙漠里高低起伏不平,并且风沙又很大。

沙利亚一边观察一边迅速思考:"从火力上看,坦克面对面进攻一定会打败仗,那么应该怎么办呢?"

这时沙利亚忽然灵机一动,信心满满地说:"马上下令开始战斗。"

但是,这道命令并不是让坦克开始攻击,而是命令卡车全部出动。

那么,请问沙利亚采用的是什么样的战法呢?

参考答案

他命令卡车绕大圆圈行驶,这样四周的沙尘就会四处飞扬。德军因为毫不知情,一看到漫天的烟尘,就会误认为大量的坦克要攻打过来,不知道该应付哪个方向才好。而沙利亚将军在等待时机成熟后,再发出下一道命令:"卡车后退,坦克全速前进!"

于是在英国坦克猛烈的进攻下,德军只能急速撤退,狡猾的"沙漠之狐"最终获得了胜利。

罗素是教皇吗

据说有一天,有人登门向著名学者罗素求教,说:"既然先生认为'假命题可推出任何命题',那么,您是否可从'2 + 2 = 5'推出'罗素是教皇'呢?"罗素思索一下,随即露出微笑,说道:"好吧,请允许我推导一下。如果2 + 2 = 5即4 = 5,那么据换位法可得5 = 4,再据等量减等量其差必等,两边同减3可得2 = 1。罗素与教皇是两个人,但既然2 = 1,那么罗素与教皇就是1人,所以'罗素是教皇'。"

无神论之父

古希腊哲学家伊壁鸠鲁，是西方的"无神论之父"。他以有力的论据，证明神的不存在。他说："我们应该承认，神可能是愿意但没有能力除掉世间的丑恶；或是有能力而不愿意除掉世间的丑恶；或是既有能力而且又愿意除掉世间的丑恶。

"如果神愿意而没有能力除掉世间的丑恶，那么他就不算是万能的，而这种无能为力，是和宗教宣称的神的本性相矛盾的。

"如果神有能力而不愿意除掉世间的丑恶，那么这就证明了他的恶意，而这种恶意同样是和神的本性相矛盾的。

"如果神愿意而且有能力除掉世间的丑恶，那么，为什么在这种情况下世间还有丑恶呢？

"所以说，神是不存在的。"

上帝是万能的吗

基督教宣称上帝是全能的，有些无神论者就给教会出了个难题：

"全能就是什么事都能办到，对吗？那么请问，上帝能造出一个连自己也举不起来的大石头吗？"

教会无法回答了。因为这是一个悖论，如果说不能，则上帝就不是全能的。如果说能，则上帝造出的石头上帝自己也举不起来，说明上帝仍然不是全能的。

这个悖论的特点是，基督教宣称的太过绝对了，上帝能肯定一切，也能否定一切。但上帝本身也在这一切之中，所以当他否定一切的时候，同时也就否定了自己。

伊甸园里的蛇

这也是一个无神论者攻击基督教会宣扬上帝全能的悖论：

伊甸园的蛇是哪来的？根据《圣经》的说法，是上帝造的，所以上帝不全善；如果不是上帝造的，上帝也就不是全能的。

这条蛇在伊甸园上帝知道不知道呢？如果知道却不保护亚当夏娃，上帝就不全能，或者不全善；不知道的话，上帝不全知。

这牛吹的

有一个富翁想找到自己失踪的儿子,决定雇一个私人侦探。

这个富翁对前来应聘的私人侦探甲说:"在我决定是否雇用你之前,你怎么证明你是一个机警的人?"

甲马上说:"哈哈,不是我吹,我最大的特征就是机警。"为了证明这一点,他还给富翁讲了一个故事。

"前几天,我和几个朋友去水塘钓鱼。在我盯着水面的浮子的时候,忽然水面有一个影子。我想应该是我的仇人宝来,曾经因为我的揭发而入过狱。没想到他出狱之后,仍然怀恨在心,企图报复。只见他拿着一把短刀,悄悄地走过来,我故意不作声,正当他在靠近我的身后时,我向后猛力一挥钓竿,鱼钩钩住了宝来,我立即回身挥拳向他猛击,将他制服了。"

富翁听完这个应聘者的故事,沉默了一会儿,然后说了一句:"对不起,我不要骗子,你还是回去吧。"

私人侦探甲被说得非常尴尬,他实在不清楚自己编的故事在哪里出了破绽,被富翁一下就看穿了。

聪明的读者,你是不是知道其中的奥秘呢?

逻辑应该这样玩才爽

参考答案

通常人们看到的池塘水面的倒影,都是比自己更接近水面的人,可是甲却说宝来在他身后时他就看见了倒影,这里出现了破绽。

聚沙成丘的悖论

聚沙成丘是一个很常用的成语。很多沙粒堆在一起,聚少成多,就能堆成沙丘。有这样一个悖论:例如 10 万粒沙堆在一起就成了沙丘。沙丘这样大,若随便拿走一粒沙,沙丘仍会存在。同理,从九万九千九百九十九粒沙组成的沙丘再拿走一粒沙,沙丘也不会因此消失。总而言之,从一个沙丘拿走一粒沙,沙丘会继续存在。但若真的如此,连续把沙粒一粒一粒拿走,直至剩下最后一粒沙,沙丘也是继续存在的。但一粒沙是不能构成一个沙丘的,但这个结论逻辑上并没有错。

苏格拉底的悖论

苏格拉底有一句名言:"我只知道一件事,那就是我什么都不知道。"这位伟大的哲人谦虚地告诫人们,这个世界未知的东西还有很多,我们要不断去学习。这句话成为古今很多名人学者的座右铭。

事实上这句话还是一个数学悖论。如果他什么都不知道,他就不应该知道自己什么都不知道。所以他其实不是什么都不知道。

伊勒克特拉的悖论

这是逻辑史上最早的内涵悖论。提出这条悖论的是古希腊的斯多亚学派,这是著名哲学家芝诺创立的学派。

伊勒克特拉有位哥哥奥列斯特很多年后回家了,尽管伊勒克特拉知道她的哥哥叫做奥列斯特,但她并不认识站在她面前的这个男人。

所以：

伊勒克持拉不知道站在她面前的这个人是她的哥哥；

伊勒克持拉知道奥列斯特是她的哥哥；

站在她面前的人是奥列斯特；

所以，伊勒克特拉既知道并且又不知道这个人是她的哥哥。

理发师的悖论

伯特兰·罗素是20世纪英国哲学家、数学家、逻辑学家、历史学家、无神论或者不可知论者，也是20世纪西方最著名、影响最大的学者和和平主义社会活动家之一。1950年，罗素获得诺贝尔文学奖，以表彰其"多样且重要的作品，持续不断的追求人道主义理想和思想自由"。他与弗雷格、维特根斯坦和怀特海一同创建了分析哲学。罗素与怀特海合著的《数学原理》对逻辑学、数学、集合论、语言学和分析哲学有着巨大影响。

著名的理发师悖论就是伯特兰·罗素提出的，是在当时的数学界与逻辑界内引起极大震动的罗素悖论的通俗版本。

一个理发师的招牌上写着，告示：城里所有不自己刮脸的男人都由我给他们刮脸，我也只给这些人刮脸。

那么，谁给这位理发师刮脸呢？

如果他自己刮脸，那他就属于自己刮脸的那类人。但是，他的招牌说明他不给这类人刮脸，因此他不能自己来刮。

如果另外一个人来给他刮脸，那他就是不自己刮脸的人。但是，他的招牌说他要给所有这类人刮脸。因此其他任何人也不能给他刮脸。看来，没有任何人能给这位理发师刮脸了！

最安全的地方

有一个间谍110，奉命到乙国去打探军事情报。他顺利完成了任务，还把所得到的文件拍成了微型胶卷，便坐飞机回国。

在飞机上，110向本部呼叫："我已经将胶卷藏在了飞机上最安全的一个地方。我想就算飞机失事，也不会有任何损坏……"话说到这，他忽然大叫道：

"天啊，飞机上有定时炸弹！"

顿时，电讯也中断了，紧接着的是飞机失事的报道。

该国情报局立刻派出大批情报人员去找寻胶卷。可是，飞机都爆炸成了无数碎片，应该去哪里找呢？

110 曾说过,胶卷放在了飞机上最安全的地方,可是哪里才是最安全的呢? 你可以帮忙找到吗?

🎈参考答案

在机尾。通常飞机失事时,机尾部分大多会得以保存。

唐·吉诃德的悖论

世界文学名著《唐·吉诃德》中有这样一个故事:

唐·吉诃德的仆人桑乔跑到一个小岛上,成了这个岛的总督。他颁布了一条奇怪的法律:每一个到达这个岛的人都必须回答一个问题:"你到这里来做什么?"如果回答对了,就允许他在岛上游玩,而如果答错了,就要把他绞死。

一天,有一个胆大包天的人来了。他照例被问了这个问题,而这个人的回答是:"我到这里来是要被绞死的。"请问桑乔·潘萨是让他在岛上玩,还是把他绞死呢? 如果应该让他在岛上游玩,那就与他说"要被绞死"的话不相符合,这就是说,他说"要被绞死"是错话。既然他说错了,就应该被处绞刑。但如果桑乔·潘萨要把他绞死呢? 这时他说的"要被绞死"就与事实相符,从而就是对的,既然他答对了,就不该被绞死,而应该让他在岛上玩。

在中国古代《墨经》中,也有一句十分相似的话:"以言为尽悖,悖,说在其言。"意思是:以为所有的话都是错的,这是错的,因为这本身就是一句话。

学费的悖论

古希腊有一个名叫欧提勒士的年轻人,他向著名的辩者普罗泰戈拉学法律。两人曾订有合同,合同里约定在欧提勒士毕业时付一半学费给普罗泰戈拉,另一半学费则等欧提勒士头一次打赢官司时付清。但是毕业后,欧提勒士由于知名度还不够,总是接不到业务,所以也无法付另一半学费。

普罗泰戈拉等得不耐烦了,于是向法庭状告欧提勒士,他认为:如果欧提勒士这场官司胜诉,那么,按合同的约定,他应付给我另一半学费;如果欧提勒士这场官司败诉,那么按法庭的判决,他也应付给我另一半学费。

没想到,名师出高徒,欧提勒士针对老师的理论提出一个完全相反的二难推理:如果我这场官司胜诉,那么,按法庭的判决,我不应付他另一半学费;如果我这场官司败诉,那么,按合同的约定,我也不应付另一半学费;我这场官司或者胜诉或者败诉,我都不用付给他另一半学费。

飞矢不动的悖论

这是由古希腊数学家芝诺提出的,所以也叫"芝诺悖论"。

芝诺问他的学生:"一支射出的箭是动的还是不动的?"

"那还用说,当然是动的。"

"确实是这样,在每个人的眼里它都是动的。可是,这支箭在每一个瞬间里都有它的位置吗?"

"有的,老师。"

"在这一瞬间里,它占据的空间和它的体积一样吗?"

"有确定的位置,又占据着和自身体积一样大小的空间。"

"那么,在这一瞬间里,这支箭是动的,还是不动的?"

"不动的,老师。"

"这一瞬间是不动的,那么其他瞬间呢?"

"也是不动的。"

"所以,射出去的箭是不动的!"

在芝诺看来,由于飞箭在其飞行中的每个瞬间都有一个瞬时的位置,它在这个位置上是静止的,而整个飞行过程就是由这些瞬间组成的。那么,无限个静止位置的总和就等于运动了吗? 或者无限重复的静止就是运动?

中国古代也有类似的说法,如:"飞鸟之景,未尝动也。"这是战国时名家惠施的一个命题,与"飞矢不动"有异曲同工之妙。

自相矛盾

这是一个家喻户晓的故事。自相矛盾的故事出自《韩非子·势难》:有一个人拿着一支矛和一面盾到街上去卖。他先夸他的盾是世界上最坚固的,什么东西都戳不破;接着又夸他的矛最锐利,世界上所有的东西都能刺透。

这时一个强忍着笑的人问他:"如果用你的矛来刺你的盾会有什么结果?"这个人一下子傻眼了,他只是顺口胡吹的,他根本回答不上来,因为他的话里两者相互抵触。

鸡与蛋的悖论

这是个世界性的难题。如果说先有鸡,那它是从哪里孵出来的? 先有蛋,蛋是谁下的? 这样互为因果的循环推理本身无法自我解脱,需要实际的考证,如考古学和生物学的研究成果等,只有这些才能打破这一循环。

小儿辩日

这是《列子》里的一则寓言:孔子一次出游时遇到两个小孩在争论,一个说:"日出时,太阳距离我们近,中午距离我们远。因为日出时太阳大得像车轮,中午小得像盘子。这不正是近大远小吗?"另一个却说:"日出时,太阳距离我们远,中午距离我们近。因为日出时我们不觉得热,中午却非常热。这不是近热远凉吗?"孔子不能分辨。从逻辑上看,这里的"近大远小"、"近热远凉"两个测度的标准都是符合我们的常识的。当然,我们现在可以利用先进的科学知识解决这个问题了,但是这个逻辑故事还是无懈可击的。

外祖母的悖论

这个问题是现在很流行的"穿越"文化的,具有跨越时代的眼光。如果一个人真的"返回过去",并且阻止自己的外祖母和外祖父结婚,那么这个跨时间旅行者本人还会不会存在呢?

如果没有外祖母就没有母亲,没有母亲也当然就没有这个旅行者。对于"外祖母悖论",物理界就产生了平等历史即平行世界的说法。在这一理论中,世界不是只有一个,而是有许多平行的世界存在,也就是说一个人可以回到过去阻止自己的外祖父母结婚,但这将导致以后的世界进入两个不同的轨道,一条中有那个人(原先的轨道),而另一条中没有那个人。

意料之外的老虎

迈克来向公主求婚,国王提出一个条件:"宫殿前面有5座小房子,在其中一间里有一只老虎。如果迈克打死这只老虎,就可以和公主结婚。迈克必须从1号门开始顺次序开门,这只老虎的出现将是他料想不到的。"迈克看着这些门,满怀信心地思考道:"如果我打开了4个空房间的门,我就会知道老虎在第五个房间。可是,国王说我不能事先知道它在哪里,所以老虎不可能在第五个房间。所以老虎必然在前4个房间内,但是同样的推理,老虎也不会在第四个房间内。"他就按这个理由推理下去,迈克证明5个房间里都没有老虎。但是使他惊骇的是,老虎从第二个房间跳了出来,由于没做好心理准备,迈克没能打败这只老虎,他只好带着疑惑和遗憾离开了王宫。迈克的推理是没有错的!迄今为止逻辑学家对于迈克究竟错在哪里,还未得到一致意见。

囚犯的悖论

两个人犯了法,一起被收在监里,律师告诉他们:如果你们一个人认罪一个人不认罪,认罪的那个便会获得释放,不认罪的就会被判监禁 10 年。如果你们都认罪,每人都会判 7 年。如果都不认罪,就只会被判 1 年监禁。

假设我们两人都十分精明,亦觉得徒刑越短越好。但是,两人被分开关押,无法沟通,他们都不知道对方是否会认罪。但是他们都会考虑,若对方认罪,自己也应该认罪,因为这样便只会判监 7 年而非十年。如果对方不认罪,自己更应认罪,因为这样自己便会获得释放。所以无论如何自己都应该认罪。但是这样一来,两人便要被判监禁七年,这比起两人都不认罪,只被判 1 年监禁,实在差得太多了。何以理性的推论,会引出这样的后果呢?

鳄鱼的悖论

这是古希腊的一个著名悖论。一位母亲带着心爱的孩子到河边洗衣服,孩子自己在岸边玩耍。一条鳄鱼偷偷地从旁边游近他们,把孩子抢走了。母亲伤心地乞求鳄鱼把孩子还给她。

"好吧,我可以把孩子还给你,但有一个条件。"鳄鱼说。

"什么条件我都答应,他是我唯一的孩子呀。""你说我会不会吃掉你的孩子? 如果你答对了,我就把孩子毫发无伤地还给你。答不对嘛,那我就把他吃掉了。"

母亲思索片刻后冷静地回答说：

"啊！你是要吃掉我的孩子的。"

"如果我把孩子交还给你，你就说错了，我应该把他吃掉！"鳄鱼高兴地说，"好了，这样我就不把他还给你了。"

"可是，必须把孩子还给我，因为如果你吃了我的孩子，我就说对了。你答应我说对了就把孩子还给我的。"

鳄鱼很无奈地把孩子还给了母亲。因为它发现自己无论怎么做都会与自己的允诺互相矛盾：如果把孩子还给母亲，她的话就是错的，那么，就应把孩子吃掉；而如果不还给母亲，母亲的话就是对的，那么，就应该还给母亲。

预言家的悖论

印度有一个很著名的预言家，周围人很敬佩他。

但有一天，他的女儿对他说："有一件事，您的预言肯定不能应验。"预言家不信，女儿就在卡片上写了一句话："在下午三点钟之前，你将写一个'不'字在卡片上。"随即女儿让他父亲预言这件事在下午三点钟以前是否发生，并在卡片上写"是"或"不"。

预言家想了想，很快明白自己被聪明的女儿捉弄了。因为不论写"是"，还是写"不"，都会跟卡片上的要求形成逻辑上的悖论。

老子的悖论

在古典名作《道德经》即《老子》中有一句名言："知者不言，言者不知。"意思是说明智的人不随便说话，随便说话的人没有真知灼见。这极富哲理的话千年以来却饱受争议，因为这是一条悖论。唐代大诗人白居易在《读老子》里就说道："言者不知知者默，此语吾闻于老君。若道老君是知者，缘何自著五千文？"

这句话本身似乎没有什么，可是老子无疑是位知者，这下矛盾就凸显出来了。如果老子是知者，那么按他的这说法，他本该沉默，但是他还是创作了5000余言的《道德经》即《老子》；如果说老子不是知者，那当然更不可能，他是我国古代最伟大的哲学家和思想家。

知道得越多，接触到的事物和现象就越多，因此不知道的也就越多。正因为老子知道得最多，所以他知道在未知世界面前人是必须要小心的，不能轻率地下结论。

言语与辩解的悖论

在庄子的著作《庄子》的名篇《齐物论》中有一句话："大辩不言……言辩而不及。"意思是说：真理是无法用语言表达清楚的，言语与辩解总是与真理之间存在差异的。

墨家把这句话的大意归纳为三个字："言尽悖"，并在《墨子》中反驳道："以言为尽悖，悖，说在其言。以悖，不可也。之人之言可，是不悖，则是有可也；之人之言不可，以当，必不审。"这句话大意如下：既然所有言论都无法表达真理，也就是"言尽悖"这句话本身就是个悖论，所以这话本身就不能成立。跟这个悖论相似的是，还有"世界上没有绝对的真理"这句话。这句话是不是真理呢？

奇怪的谋杀

私人侦探帕森躺在暖暖的沙滩上，离他4米远的地方，有一把蓝色的海滩伞，伞下有一对男女正在嬉戏。因为伞挡着，看不见他们的人，只能听见声音。突然，一切都变得很平静。紧接着又传来一阵嘈杂的摇滚乐，好像是从手机中传出来的，不久就停了。有一个青年男子从海滩伞下走了出来，然后跳到海里游泳。沙滩的左边有个海岬。不一会儿，海滩伞下的女人喊叫了一声，那个男子便朝岸边挥了挥手，接着就游走了。过了好久，沉睡的帕森被一阵叫声惊醒，正好看见另一个男子从海滩伞下跑了出来。

这个男子戴着一顶遮阳帽，身穿麻料的衣服，还打着蝴蝶领结，戴着一副很大的太阳眼镜，鼻子下还留着胡子。那个男子走了以后，游泳的男子就回来了。身上还滴着水，他走向了海滩伞，然后就听到他大叫："人死啦！"那女子已经被人勒死。经过调查，帕森看到的留着胡子的男人是那女人的情夫，他自然也就成了杀人嫌疑犯。可是他也有不在现场的证明，那么到底谁是凶手？

参考答案

第一个男子是凶手,作案时他一个人扮演了两个角色。为了确保他不在现场的证据成立,才故意把伞架到别人的附近。在打开手机的时候,他勒死了那个女人,然后通过录音,放出那个女子打招呼的声音,让人误以为他去游泳的时候那女人还活着。他在海中绕到海岬,马上把事先准备好的衣服、帽子、眼镜都穿戴好,再贴上胡子,打扮成女人情夫的样子跑到海滩伞下,好让别人认为是女人的情夫把女人勒死的。然后他再游回到海岬,换下衣服,跳进海中再游回来,假装发现了女人的尸体。

逻辑应该这样玩才爽

第三章　诡辩其实很简单

没有用处的用处

全生避害是先秦道家的根本观点。但如何避,道家的几位代表人物的方法也不尽相同,比如杨朱的避就是通常意义上的隐遁。庄子则认为人世繁杂,不管到那里隐藏,总还是难以幸免。所以到了庄子想到了思想上的大彻大悟,从更高的观点看生死,看物我,看世界。无用之用也含有这一意义。《人世间》中讲到一棵很大的栎树,长得歪歪扭扭,是不材之木,没办法做房梁,所以匠人不砍它。无用是全生的方法。庄子又在《山木》篇具体分析了这个道理:庄子行于山中,见大木枝叶盛茂,伐木者止其傍而不取也,问其故,曰:"无所可用。"庄子曰:"此木以不材得终天年。"就是说,这棵大树因为自己不能成为栋梁才得以善终。

但是庄子很快就碰到了一件跟他这个理论相矛盾的事。他们一块下山,住在了庄子的一个朋友家。朋友大喜,让自己的小儿子去杀雁款待他们。小儿子问父亲:"这两只雁,其中一只能鸣,另一只不能鸣,杀哪个?"主人说:"杀不能鸣的。"第二天,离开故人家之后,弟子问于庄子说:"昨天山中之木,以不材得终天年;而主人家的雁,却因不材而死。先生您要怎么办呢?"

庄子笑着说:"我要将处在材与不材之间。"这材与不材之间的论调,也是庄子智慧的一环，但是在这个故事里倒有点诡辩的意味。

鼓盆而歌

死亡可以看作是人生最大的灾祸，但庄子对死亡却另有一番看法。《庄子》内篇《养生主》中讲到老子死了，好友秦失过去祭奠他，长号三声就停住了。老子的学生责问秦失，既然是老子的好友，怎么这样薄情寡义。秦失却批评那些痛哭者"是遁天信情，忘其所受"，是违逆天意的。老聃之生，是偶然入世，应时而生；而离开人世，也是顺理离去。像老子这样的得道者，生死安于常分，顺于天理，也就不会有哀乐之情了。

《至乐》中记载：庄子的妻子去世了，好友惠子来凭吊，见庄子蹲在院子里敲着盆唱歌，惠子觉得庄子太过分了，就以老朋友的口气劝责说："妻子与你共同生活了这么多年，为你生儿育女，她去世你不哭也就算了，还鼓着盆唱歌，是不是太过分了！"庄子曰："不对哩。这个人她初死之时，我怎么能不感慨伤心呢！然而仔细考察她开始原本就不曾出生，不只是不曾出生而且本来就不曾具有形体，不只是不曾具有形体而且原本就不曾形成元气。夹杂在恍恍惚惚的境域之中，变化而有了元气，元气变化而有了形体，形体变化而有了生命，如今变化又回到死亡，这就跟春夏秋冬四季运行一样。死去的那个人将安安稳稳地寝卧在天地之间，而我却呜呜地围着她啼哭，自认为这是不能通晓于天命，所以也就停止了哭泣。"

观鱼的诡辩

《秋水》篇记有庄子与惠子的一段十分著名的论辩，简洁而精彩：

庄子与惠子游于濠梁之上。

庄子曰："修鱼出游从容，是鱼之乐也。"

惠子曰:"子非鱼,安知鱼之乐?"

庄子曰:"子非我,安知我不知鱼之乐?"

惠子曰:"我非子,固不知子矣。子固非鱼也,子之不知鱼之乐,全矣。"

庄子曰:"请循其本。子曰:'汝安知鱼乐'云者,既已知吾知之而问我,我知之濠上也矣。"

庄子所说的:"子曰:'汝安知鱼乐'云者,既已知吾知之而问我。"这是诡辩,不是"循其本"的本,"循其本"的本是在"我知之濠上"一语中。在他们的论辩之中,既可见理性,还显示了庄子所追求的理想的闪光。

长烟灰

侦探家格林先生打扮得衣冠楚楚。他一手拎着黑色的小皮包,一手拿着一顶礼帽,走进了自己预订的列车包厢。

忽然,有一个女人跑进他的包厢里。紧接着,她就把门反锁上,还威胁格林先生老老实实交出钱包,要不然,就扯开衣服,说是格林先生对她性骚扰。

然而,格林先生并没有做出任何回应。这个女人奸笑了几下说:"先生,你床头的警铃也帮不上你的忙,而我呢,只需要将我的衣服轻轻一扯……"

格林先生顿时不知所措,就讷讷地说:"让我想想,让我想想……"说着,他点着了一根雪茄。

就这样,气氛僵持了三四分钟。让这个女人的没有想到的是,格林先生最终还是按下了床头的警铃。

一下子,这个女人就气急了,她立刻脱了外衣,撕破了胸前的衣衫。等乘警赶到的时候,这个女人就躺在床上大哭大闹,扯着嗓子喊道:"几分钟前,这位先生将我拉到了包厢!"这时,格林先生依然平静地、不动声色地站在那里,慢悠悠地抽着雪茄,雪茄上还留着一截长长的烟灰。

乘警看到这一切,并没有马上做出判断。他观察了一下,忽然就明白了——是这个女人在讹诈格林先生。于是,乘警毫不犹豫地把这个女人带走了。

乘警是根据什么做出判断,认定格林先生是无辜的,而是这个女人在讹诈呢?

参考答案

是雪茄上的一段长长的烟灰,这个说明了格林先生的烟点着了大概三四分钟,并且一直在吸,上面的烟灰可以说明他不可能拿着雪茄对那个女人动手动脚,因此那个女人是在讹诈。

邓析赎尸的诡辩

战国时期吕不韦组织门客编写的名著《吕氏春秋》中记载了这样一个故事：洧水发了大水，淹死了郑国某个富人，尸体被别人打捞起来，富户的家人找到打捞尸体的人，想要回尸体，但是捞到尸体的人让他们花钱赎回，否则不给。但是捞到尸体的人要价太高，富人的家人不愿接受，他们找到著名的智者、讼师邓析出主意。邓析安慰他们说："不用着急，除你们之外，他还会卖给谁？"他们满意地回家去等待捞尸人降低赎金了。

捞到尸体的人果然等得急了，也去找邓析。邓析得到了他们的赠礼后回答："不要着急，他不从你这里买，还能从谁那里买？"同一个事实，邓析却推出了两个相反的结论，每一个结论听起来都合乎逻辑，但合在一起就荒谬了。后来，邓析被杀，就是因为当时的国相子产认为他"以非为是，以是为非，是非无度，而可与不可日变"。可见，邓析是一个没有原则的人。

公孙龙辩秦赵之约

《吕氏春秋》还介绍过公孙龙的一个诡论：战国时，实力最强的两国秦国与赵国订立盟约，秦国想做的，赵国帮助；赵国想做的，秦国也要帮助。不久，秦国兴师攻打魏国，赵国打算援救魏国。秦王非常生气，差人去责怪赵王说：我们早已订立盟约，秦国想做的，赵国帮助；赵国想做的，秦国帮助。现在秦国要打魏国，而赵国援救他们，这是违约。赵王把这个消息转告给平原君，平原君又向公孙龙请教。公孙龙是个著名的诡论大师，他回答："赵王也可以派人对秦说：赵国打算援助魏国，现在秦国却不帮助赵国，这也不合乎条约。"不管这个故事的真实性如何，他的推理无懈可击。公孙龙对于秦赵之约的回应，与邓析赎尸诡论一脉相承。

一毛不拔

　　"一毛不拔"这个常用语典出战国时期的杨朱。"杨子取为我,拔一毛而利天下,不为也。"(《孟子·尽心上》)它被认为是极度的自私自利的表现。

　　我们如果客观地、全面地去剖析杨朱的理论,会发现他的学说里还有这样的理论:"不以天下大利易其胫一毛。"(《韩非子》)"为我"且"轻物重生",这才是杨朱统一的人生哲学。据《列子·杨朱》记载:禽子问杨朱曰:去子体之一毛,以济一世汝为之乎? 杨子曰:世固非一毛之所济。禽子曰:假济,为之乎? 杨子弗应。禽子出语孟孙阳。孟孙阳曰:子不达夫子之心,吾请示之。有侵若肌肤获万金者,若为之乎? 曰:为之。孟孙阳曰:有断若一节得一国,子为之乎? 禽子默默有间。孟孙阳曰:一毛微于肌肤,肌肤微于一节,省矣。然则积一毛以成肌肤,积肌肤以成一节。一毛固体万分之中之一物,奈何轻之乎?(《杨朱》)

　　"古之人损一毫利天下,不与也;悉天下奉一身,不取也。人人不损一毫,人人不利天下;天下治矣。"在杨朱看来,全胜保真,并不等同于贪利自私。天下之所以纷乱争斗,正是人们求利堕于物累的结果。治理乱世绝不能以个人的奉献、牺牲为代价,而是只要每个人都收敛自己的物欲。

离奇的死亡

　　想必在日本才可能发生这样离奇的案件。6月7日下午,在横滨市神奈区七岛町的公寓408室,发现酒店女招待美花子惨死在床上。

　　凶犯是用胶布把定时器固定在她的心脏部位,然后连接上电线,就在她服用安眠药熟睡的时候,定时器接通了电源,女招待触电死亡。

　　定时器设定的时间是午夜1点钟,但是现场勘查的死亡时间却是在午夜

1 点半。

由于被害人正怀孕，因此警方调查了和她有交往的男性，查出了以下两名嫌疑犯：其中的一个是洋介，他在一家电脑公司任工程师一职，家住京都，和公司的总经理订了婚。当刑警问他在 6 月 7 日的活动地点时，他回答："下班以后，我就和未婚妻一块儿吃了晚饭，晚上 10 点钟左右才回到自己的公寓，然后看了会儿电视便睡觉了。"

"从你的公寓到被害人住所只需要 1 小时就够了。而且你还是个电脑工程师，触电致死这种手段你应该会想到吧？"

"可是凶手不是我啊。"

"她已经有了身孕。如果她以此为理由逼你跟她结婚的话，那么让已经订婚的你肯定感到很为难吧？"被刑警如此质问，洋介红着脸无言以对。

另一个嫌疑人是田中，他在名古屋市一家布匹批发店任营业员一职。他也和老板的女儿订了婚。

在刑警问他 6 月 7 日在干什么时，他回答："我那天是 5 点半下的班，接着玩了一会儿电子游戏后便回家了，之后就一直待在家里。"

"哪怕是住在名古屋，如果乘坐新干线电车，我想两个半小时到横滨的案发现场应该也没有任何问题吧？"

"但是，我不懂电器啊，触电的杀人方式我可想不到。"

"那种装置连初中生都会安装吧。还有，你住在名古屋，那你是如何认识被害人的呢？难道你是最近才从横滨搬到名古屋来的？"

"我是土生土长的名古屋人，没有在其他地方生活过。她是我在去横滨出差的时候认识的。"

"然后就一直在交往吗？"

"和她分手有一段时间了。"田中向刑警解释道。

那么，你是否能根据嫌疑犯的回答找到凶手呢？

参考答案

田中是凶手，因为警方当时还没有告诉他受害人的死因，可是他已经知道受害人是触电而死的。

庄子的天地说

无限是庄子对天地万物的认识。在《庄子》外篇《知北游》中有一段假托孔子与其弟子冉求的对话：冉求问于仲尼曰："未有天地可知邪？"仲尼曰："可，古犹今也。"

仲尼曰："……无古无今，无始无终。未有子孙而有子孙，可乎？"

仲尼曰："……先天地生者物邪？物物者非物。物出不得先物也，犹其

逻辑应该这样玩才爽

有物也,犹其有物也,无已……"

这是一段极其精彩、充满哲学智慧的论辩。冉求问没有天地时是什么样子,孔子答曰:"古犹今也。"就是古的时候世界也像今天一样存在着。冉求听不懂,仲尼进一步解释:古今始终都是相对的,不是绝对的。古是相对于今而说的,在古的当时,古也是今,并且也有它自己的古。始是对终说的,始也是后来产生的,对于从前的始来说,则始又是终。事物乃至世界的发展是一个无限的循环,任何一环都是继往开来的。

冉求仍不理解,仲尼又说:是否有物产生在天地之先呢? 没有。天地乃万物的总和,认为有物生于一切物之前是不对的,物之前仍有物,没有尽头。

庄周化蝶

昔者庄周梦为蝴蝶,栩栩然蝴蝶也。自喻适志与! 不知周也。俄然觉,则蘧蘧然周也。不知周之梦为蝴蝶与? 蝴蝶之梦为周与? 周与蝴蝶则必有分矣。此之谓物化。

庄周梦蝶这个浪漫的典故,出自《庄子·齐物论》,在其中,庄子运用浪漫的想象力和美妙的文笔,通过对梦中变化为蝴蝶这件事的描述与探讨,提出了人不可能确切的区分真实与虚幻和生死物化的观点。虽然故事极其短小,但由于其渗透了庄子的诗化哲学,成为庄子最著名的故事。也由于它包含了浪漫的思想情感和丰富的人生哲学思考,引发后世众多文人骚客的共鸣,成为他们经常吟咏的题目,最著名的就是唐代诗人李商隐的"庄生晓梦迷蝴蝶,望帝春心托杜鹃"。

申惭高巧谈赋税

五代南唐的时候,官方在交通要道和市场上征收名目繁多的税赋,而且税额很大,商人都为苛捐杂税吃够了苦头,同时也严重地影响了货物市场流通。

有一年适逢大旱,南唐烈祖李煜在国都金陵的北苑宴请群臣。席上李煜随意地跟群臣聊天说:"京城之外都下了雨,这雨单单不到都城,为什么呢?"

当时在座的有位叫申渐高的大臣,他回答说:"雨不到都城来,是害怕抽税。"

李煜听后不觉大笑起来。不久就宣布免除了不合理的赋税。

长脸的彭祖

汉武帝晚年很希望自己能长生不老。一天,他对近臣们说:"相书上说,一个人鼻子下面的'人中'越长,寿命就越长;'人中'长一寸能活百岁。不知是真是假?"

东方朔听了这话,心里知道皇上又在做长生不老之梦了,不觉嘴角一撇,差点乐出声来。武帝见东方朔似有讥讽之意,面有不悦之色,喝道:"你怎么敢笑话我?"

东方朔脱下帽子,恭恭敬敬地回答:"我怎么敢笑话皇上呢? 我是在笑彭祖的脸太难看了。"

汉武帝知道东方朔又有鬼主意了,还是忍不住问:"此话怎讲?"

东方朔回答:"据说彭祖活了八百岁。如果真像皇上刚才说的,他的'人中'就该有八寸长,那么,他的脸不是有丈把长吗?"

聪明的凯蒂

一个深夜,警方突然接到某旅馆的报案,晚上 10 点左右有一位男子从楼

顶上跳下来,当场死亡。

　　经过警方仔细的勘查,发现了楼顶有一块木板,木板的一头搁在铁块上,另一头向楼体的边沿倾斜,向外呈滑坡状,一根接着水龙头的塑料管仍然向外流着水。就在这个时候,警方收到了验尸报告,死者的死亡原因是头骨骨折,并不是因为从楼上掉下来,死者的头部有明显的被棍棒一类的钝器击打的痕迹。这是一起凶杀案。而且,被害人早在摔下楼之前,就已经死了。

　　警方经过缜密的调查之后,逮捕了重大嫌疑人凯蒂。可是凯蒂那天晚上从9点到11点半一直在他的朋友家里打牌,没有离开过半步。也就是说,尸体从楼上掉下来的时候凯蒂并不在场。

　　但是事实上,凶手就是凯蒂。

那么,凯蒂到底是怎么做到的呢?

将木板的一头用铁块架起,使另一头向楼体的边沿倾斜。接着,把尸体放在木板上,将塑料管头压在被害者的身下,再把水龙头打开,一会儿,塑料管就会鼓起来,尸体就沿着倾斜的木板掉下去了。

天高多少

某县官离任,百姓派代表送给他一块横匾,上书"天高三尺"4个大字!县官以为百姓将他比作"青天大老爷",极为高兴,笑道:"下官何德何能,能当此赞誉呀?"

赠匾的代表是名秀才,他也是这4个大字的作者。他微鞠一躬说:"大人不必过谦,大人主政3年,县境内的地皮被刮去了3尺,天也高了3尺,大人当之无愧!"

铜钱的孔

南宋奸臣张俊,贪财好色,坏事做尽,但由于他深得皇上宠爱,谁也不敢招惹他。一次,宋高宗请大臣们喝酒,叫了一班艺人来说笑杂耍取乐。其中一个艺人走上场来,说他能透过铜钱的方孔,看出每个人是天上哪颗星宿的化身。他就拿来一根竹竿,把一个方孔钱币装在竹子的一段代替浑天仪。他透过钱眼看看皇帝,说是"帝王星",看岳飞,说是"将军星",于是大家争先恐后地让他看。

轮到张俊时,他左看右看半天不说话;大家都很着急。艺人说:"看不出

逻辑应该这样玩才爽

— 107 —

星象来。"大家都要求再仔细看，艺人装模作样地看了一遍，说："始终看不见星象，只见张老爷坐在钱眼里。"众人开始还不明白，愣了一下马上领悟了艺人的意思，于是都忍不住抿嘴笑起来。

巧妙的讽刺

《五杂俎》中有一个故事：王安石做宰相时，推行新法，大兴天下水利。有人想讨好他，献了一条计策："假如把梁山泊的水都放出，就可以多出八百里土地，这是个一本万利的好事啊！"

王安石听了很高兴，但是想了想，便问道："好是好，可是这么多水往哪里放呢？"当时喜欢说笑话的刘贡父正好坐在旁边。他听了觉得很好笑就接口说："可以在梁山泊旁边另挖一个八百里的大池子，水就有地方放了。"

打猎的庄宗

五代时期的后唐庄宗李存勖是个较为贤明的君主，但是他很喜欢游玩和打猎。一次他带侍卫在中牟县打猎，人马践踏了不少老百姓的庄稼。

中牟县令是个爱民的好官。他拦住庄宗的马进谏说："陛下是老百姓的父母官，怎么能毁坏他们吃的东西，这样做要叫他们都饿死在沟壑中吗？"庄宗大怒，喝令县令滚开，但是县令并不畏惧，仍然固执地拦在马前。庄宗命令侍卫抓住县令，要杀掉他。

优伶敬新磨抢先冲上去捉住县令，送到庄宗马前，并且大声斥责县令："你身为县官，难道不知道我们天子喜欢打猎吗？你怎么放纵老百姓耕田种地，来妨碍我们天子猎骑驰骋呢？你是罪该万死！"说完，就要行刑。庄宗笑了笑，放了县令。

苏东坡的诡辩

有一次欧阳修和他的学生苏东坡闲谈。

欧阳修说:"我听说有一个人,乘船遇上刮大风,受惊吓得了病。医生知道后,取来一个多年的舵把子,上面浸透了舵工的手心汗,刮下细木屑,加上丹砂、伏神等药,让他喝了下去,马上就好了。"

苏东坡接着老师的话茬,从逻辑上对这种说法进行了驳斥。他说:"哈哈,老师,如果这种说法是正确的,那么,用笔墨烧灰给读书人喝下去,就可以治无才病了;喝一口伯夷的洗手水,就能治贪心病了;吃一口比干的剩饭,就可以治好拍马屁的毛病;舔一舔樊哙的盾牌,可以治疗胆怯病;闻一闻美女西施的耳环,可以治好皮肤病。"欧阳修听了,哈哈大笑。

菩萨心里也烦

冯梦龙的《古今谭慨》有段有趣的故事说:

翟永令的母亲笃信佛教,一天到晚烧香念经,阿弥陀佛之声不绝于耳。有一天,母亲在烧香念佛时,翟永令叫她:"娘,娘,娘。"

母亲正在念经没有回答他,他就一直叫下去,母亲忍不住对他生气地说:"老叫个不停,烦不烦。"

翟永令说:"我才叫几声您就厌烦了,您一天到晚一直叫阿弥陀佛,菩萨就不烦吗?"

孟子的比喻

孟子问齐宣王："某人去楚国游说前,将妻子和儿子托给一位朋友照看。他回来后,看见妻子和儿子在挨冻受饿。对这样的朋友,应该怎么办?"

齐宣王说："抛弃他。"

孟子又问："作为军队的将领不能带领好军队,应该怎么办?"

齐宣王说："应该撤换他。"

孟子再问："一个国家没有治理好,让百姓挨饿受冻,该怎么办呢?"

齐宣王只好顾左右而言他了。

巧妙的回答

一次,南齐太祖肖道成提出要与当时著名的书法家、王羲之后人王僧虔比试书法。君臣二人都认真地写了一幅楷书。

写好后,齐太祖问王僧虔："谁第一? 谁第二?"

王僧虔回答说："为臣之书法,人臣中第一;陛下之书法,皇帝中第一。"

齐太祖听后,只好一笑了之。

王僧虔的回答机智巧妙,既不失自己的尊严,又顾及了皇帝的面子。

随机应变

清朝时有位书法家给慈禧太后题扇,写的是王之涣的诗："黄河远上白云间,一片孤城万仞山。羌笛何须怨杨柳,春风不度玉门关。"不料他一时疏忽,少写了一个"间"字。慈禧看后大怒,认为书法家欺她没学识,便要治他死罪。

古人写诗是没有标点的，书法家急中生智，忙道："太后息怒！我这是用王之涣的诗意填写的词啊！"他拿起扇子当即念道："黄河远上，白云一片，孤城万仞山。羌笛何须怨？杨柳春风，不度玉门关。"将一首漏了字的诗，变成了一首绝妙好词。慈禧这才转怒为喜。

王泽元的巧辨

王安石的儿子王元泽年幼时特别聪明可爱。有一位客人知道他还不能分辨出同笼的獐与鹿，却故意逗他："哪一头是獐，哪一头是鹿？"王元泽不慌不忙，看了一眼就语带调皮地答道："獐旁边的那头是鹿，鹿旁边的那头是獐。"小小年纪却机智地用模糊语言为自己解了围，显示了他的应变能力；客人也被逗得哈哈大笑，连夸孺子可教。

纪晓岚巧妙解围

一次，乾隆皇帝微服私访，纪晓岚伴驾而行。两人都走得口干舌燥，正好路边有一棵梨树，而纪晓岚摘下一个便自己先吃了。乾隆生气地说："孔融四岁能让梨，爱卿得梨为何不让朕先吃，自己便吃了？"

纪晓岚自知失礼，但他何等睿智，马上辩解说："梨者离也，臣奉命伴驾，不敢让梨。"乾隆又说："那你切开分我一半也好啊？"纪晓岚连忙又摘下一个梨递给乾隆说："微臣哪敢与君分梨（离）呢？"

农夫种金子

一个农民是种田好手，种庄稼必获丰收。一天，县官找到他说："给你10斤金子种，种到田里，秋后要给我收获100斤金子。"

农民傻眼了，争辩说："这个真的没法种呀！"

县令耸耸肩："不都称你是神农吗？到秋天种不出100斤金子，我就要没收你的全部家产。"说完转身走了。

农民只好拿着10斤金子走了。到了秋天后，县官找到他要金子。农民大哭说："这些天滴雨不下，种的金子全旱死了。"县官大怒说："骗谁，金子哪会旱死呢？"农民回答："你既然说金子旱不死，又怎能说能种金子呢？"县官答不上来了。

巧谏的优旃

《史记·滑稽列传》记载：秦朝宫廷里有个侏儒乐伎名叫优旃，他滑稽多谋，深得始皇宠爱，常用巧妙的手段进谏。

有一年，秦始皇打算把打猎游乐的园林向东延伸到函谷关，向西扩张至雍、陈仓一带。这样一来，几千万亩农田将成为大部分时间都空闲的牧场。优旃听到这个消息后，就趁秦始皇兴致勃勃时探听虚实："听说皇上要扩大园林。"

"对啊，这样就有更多的地方任朕驱驰。"秦始皇得意地说。

"好得很！"优旃说，"园林扩大了，可以多养禽兽，要是敌人从东方来进攻，咱们可以用大大小小的鹿去撞死他们！"

优旃的话分明是讽谏，是反话正说。扩大园林只会增加反对朝廷的人，一旦天下人群起而攻之，那么只好请"鹿"帮忙了。联想到古时因好鹤而亡国的卫懿公,秦始皇下令停止扩大园林。

秦始皇死后,其子胡亥继位。胡亥在赵高的撺掇之下骄奢淫逸,一上台便打算把整个咸阳的城墙油漆一新。这实在是一件劳民伤财的事。有一天,优旃问:"听说皇上准备油漆全部城墙,有这件事吗?"

"有。"胡亥说。

"好得很!"优旃说,"即使皇上不说,我也想请求这样做了。漆城墙虽然辛苦了百姓,而且要多派很多的税捐,但这样一来城墙变得油光光滑溜溜的,敌人进攻时爬上来就得滑下去,多好啊!要把城墙漆一下不难,难的是找不到一间大房子让漆过的城墙阴干。"

优旃的一席暗含劝讽的反话,使二世打消了漆城墙的念头。

松赞干布与文成公主

传说,松赞干布向文成公主求婚时,有这样一段佳话:文成公主聪明又美丽,当时,有许多人向她求婚。对众多的求婚者,文成公主提出了一个条件:谁能提出一个难倒她的问题,她就嫁给谁。

于是,许多求婚者绞尽脑汁提出许多稀奇古怪的问题,文成公主却都能对答如流,使他们一个个失望离去。

松赞干布去见文成公主,他对文成公主说:"请问公主,为了使您成为我的妻子,我应提什么问题才能难倒您?"文成公主听后,无话可说,就应下了婚事。他们成为汉藏友谊的使者。

马伦的口才

东汉南郡太守马融的女儿马伦,在少女时代,口才就极好。《后汉书》上说她"少有才辩"。

马伦嫁给汝南的名士袁隗为妻。婚礼刚过，袁隗知道马伦才辩之名，想考验一下她。首先向新娘发难，针对马伦嫁妆很丰盛一事，笑着问道："为人妻者，不过是操持家务罢了，穿戴和首饰何必弄得这么珍贵华丽呢？"马伦接口答道："这是父母对我的垂顾与爱怜，做女儿的哪敢违命。夫君若想效法鲍宣、梁鸿那样的隐逸高士，为妾倒也是乐意像少君和孟光那样来侍奉您的。"

袁隗见难不倒新娘，便又问道："弟弟如果在哥哥之前取得功名，世人会以此作为笑料。现在你的姐姐还未出阁，而你这个做妹妹的怎么能先嫁人呢？"马伦马上接口回答道："我姐姐的品行高洁，容貌又特别俏丽，所以至今还没遇上可以匹配她的如意郎君；不像我长得粗俗，才识又浅薄，随便嫁个人就罢了。"

袁隗一听，非但没难倒她，反倒被她羞辱了一下，便又问道："岳丈身为南郡太守，又是一郡文魁，怎么在他任职的地方，常有贿赂与受贿一类的事情呢？"马伦很生气地反击道："孔子这位大圣人也难免受到武叔的诋毁；子路这样的贤人，还遭到伯寮的谗言攻击。我父亲背上这类名声，又有什么可奇怪的呢？"袁隗默然无话了。

袁隗是袁绍的叔叔，位即三公。袁氏一族"五世三公"，显贵至极；马伦在史上也极有名声。

把蝗虫发过来

我国宋代著名书画家米芾性情潇洒，有诙谐、幽默之才华。他年轻时曾当过某县的县官。这一年，天久旱不雨，蝗虫成灾，米芾下令全县百姓大力捕杀，很快解决了蝗灾，保住了庄稼。当时邻县也正在闹蝗灾，但该县县令非但不组织人力捕蝗，反而以为是米芾搞鬼，把蝗虫驱逐到他的县境里来了，于是行文责问。米芾有点哭笑不得，提笔在上面题了一首打油诗把原文退回。诗是这样写的：蝗虫本是天灾，不由人力挤排；若是敝邑遣去，却烦贵县发来。

死后佳

明代《五杂俎》中有一则《死后佳》：

宋叶衡罢相归，日与布衣饮甚欢。一日不怡，问诸客曰："某且死，但未知死后佳否？"一姓金士人曰："甚佳。"叶惊问曰："何以知之？"

士人曰："使死而不佳，死者皆逃归矣！一死不返，是以知其佳也。"满座皆笑。

死后不管是不是很好，死了的人都不能逃回来了，这二者并不构成条件联系。士人的高妙在于他用一个不是条件联系的"条件联系"，回答了一个不是问题的"问题"。

跳河的纪晓岚

一次，乾隆皇帝想开玩笑检验一下纪晓岚的辩才，便问："纪爱卿，忠孝二字作何解释？"

纪晓岚道："君要臣死，臣不得不死，为忠；父要子亡，子不得不亡，为孝。"

乾隆立刻说："那好，朕要你现在就去死。"

"臣领旨！"

"你打算怎么死法？"

"臣打算跳河。"

"好吧，跳去吧！"

看着纪晓岚一步步走出去，乾隆在心里盘算纪晓岚会怎样给自己找个借口呢？一抬头，纪晓岚又回来了。

乾隆道故意把脸一沉："纪爱卿何以未死？难道想抗旨吗？"

纪晓岚回答:"臣来到河边,正要往下跳时,屈原站在水面上向我走来,说:'纪昀,你在做什么傻事!想当年楚王昏庸,我不得不死,可如今皇上圣明,怎么会让臣子轻易投河呢,你想陷当今圣上于不义吗?'臣听了屈大夫的话,不敢去死了,所以又回来了。"

乾隆听后,放声大笑,连连称赞道:"好一个如簧之舌,真不愧为当今雄辩之才。"

巧谏的晏子

据《晏子春秋》记载,齐景公爱打猎,而且最喜欢豢养老鹰。

一次,负责喂养老鹰的烛邹不慎让一只鹰逃走了,景公大怒之下下令把烛邹推出斩首。

晏子听说后立刻拜见景公说:"烛邹有三大罪状,哪能这么轻易杀了呢?请让我一条条列举出以后再杀他,可以吗?"

齐景公说:"可以。"

晏子指着烛邹说:"烛邹,你为大王养鹰,却让鹰逃走,这是第一条罪状;你使得大王为了鹰的缘故而抓人,这是第二条罪状;把你杀了,天下诸侯都会责怪大王重鸟轻士,这是第三条罪状。"

齐景公只好说:"别杀他了!我懂你的意思了。"

丘浚巧打老和尚

宋代《明道杂志》中记载:

从前,有个叫丘浚的人去逛庙。庙里的老和尚见他衣着比较寒酸,就对他十分冷淡。这时,恰好有一个当官的也来庙里拜佛,老和尚马上满脸堆笑,降阶相迎,十分殷勤。

等当官的走后，丘浚问老和尚，为什么你对当官的这样恭敬，对自己却冷若冰霜。老和尚白了他一眼，随口说："你不懂，按我们佛门的规矩，恭敬就是不恭敬，不恭敬就是恭敬。"

丘浚听罢，从旁边找到一根大棒，照着老和尚的头猛打，打得老和尚双手抱头，哇哇直叫。

好不容易丘浚停手了，老和尚抱着脑袋问丘浚为什么打人，丘浚说："既然恭敬就是不恭敬，不恭敬就是恭敬，那么，我打你就是不打你，不打你就是打你。"

老和尚满面羞惭，无言以对。

优孟巧谏楚庄王

《史记·滑稽列传》中记载：

楚庄王十分钟爱一匹马，经常给马穿上绫罗绸缎，把它安置在华丽的宫殿里，专门给它准备了一张床作卧席，拿枣脯喂养它。马的生活水平过于优越，太肥胖而死了。庄王命令全体大臣为死马志哀，并要用一棺一椁装殓，按大夫的礼节举行葬礼。百官纷纷劝阻，庄王大动肝火，下令谁再劝阻，定判死罪。

宫中有个叫优孟的侏儒，进宫见到庄王就号啕大哭。庄王问他哭什么，优孟说："这匹马是大王最心爱的马，以楚国之大，什么东西弄不到！现在却只以大夫的葬礼来办丧事，实在太轻慢了！我请求用诸侯的礼仪来埋葬。"

楚庄王一听很高兴，便问："依你之见，怎么埋葬呢？"

优孟说："最好以雕琢的白玉做棺材，以精美的梓木做外椁。还要建造一座祠庙，放上牌位，追封它为万户侯。这样天下的人就知道，大王是轻贱人而重马了。"

楚庄王一听，如梦初醒，说："我的错竟到了这种地步！"

颠倒的妙处

有位将军,连续打了很多败仗;一道告密的奏章送到京城,上写四个字:"屡战屡败"!

奏章到了宰相那里。宰相心知这奏章让皇上看到,只怕将军官位不保,弄不好还要丢了性命。但是宰相知道这位将军还是很有军事才能的,只是时运不济,遇到了几场败仗。他想帮将军一把,又不敢私自扣留奏章,于是他在奏章上动了个手脚,一个字没改,只是把"屡战屡败"改成了"屡败屡战"。

皇帝看过奏章之后,不仅没有治将军的罪,还勉励他继续努力,给了他不少援助,这位将军终于一战雪耻,立了大功。

午夜破案

那是一个寒冷的夜晚,已经是凌晨 2 点了,当时刑警格林正在住宅区里巡逻。突然,有一个男子从角落里跑了出来,差点儿和他撞上,但是不小心,那个男子的包撞到了他,掉在了地上。

男子马上拾起手提包,逃命似的跑开了。当时天很黑,看不清脸孔。格林只知道男子带着大墨镜而且留着胡子,钻进 20 米远的一幢公寓里去了。没多久,有一个女子跑过来对格林说:"请问一下,你有没有看到一个男的,手里拿着手提包从这里跑过去? 他抢了我的包!"格林立刻和那个女子赶到了那幢公寓。那幢公寓的一楼是一个仓库,门窗紧闭着,楼两侧是电梯,二楼只有 3 间房子,劫匪应该就是住在其中一间房子里面。

格林敲了第一家的门,有一个年轻人走了出来,没有蓄着胡子。格林向他出示了警察证件:"你好,请问你刚才是不是一直在家?"

"对啊,我已经听了4个小时的音乐了。"

"我怎么没听到声音啊?"

"我是戴着耳机的,发生什么事了?"年轻人非常不耐烦。

"哦,是这位小姐的包刚刚被抢了,而那个小偷就逃到你们这幢楼里来了。"

"那你认为我是那个劫匪吗?"

"那倒没有,暂时还没有认定谁是劫匪,但是为了谨慎考虑,请让我检查一下你的房间。"

格林不由分说就走了进去,房间里摆放着一套音响,插着耳机。格林拿起耳机听了听,正播放着雄壮的摇滚乐,声音震得耳朵都快聋了。

"就是这个手提包!"那个女子忽然叫了起来。格林看见了放在房间角落里的手提包,他急忙上前检查。但是这个包里面塞满了衣服、易拉罐啤酒、书籍等东西。

逻辑应该这样玩才爽

"哦,这个啊!是昨天我的一个朋友忘在这儿的,不妨拿一罐来喝喝吧!"那个年轻人说着就拿出了一罐拉开了盖子,啤酒"嗤"地一下子喷了出来。他大叫了一声,连忙掏出手帕擦脸。

那个女子很失望,就对格林说:"看样子是我们搞错了。"

但是格林却冷笑着拿出了手铐,对年轻人说:"你就是那个劫匪。"

请问为什么格林这么快就认定他就是那个劫匪呢?

参考答案

问题在于易拉罐啤酒。啤酒在剧烈晃动后不长的时间内打开才会喷出来,这就说明这个年轻人刚刚进行了激烈运动。

巧妙的劝谏

《唐诗记事》卷十六记载:

唐玄宗的哥哥宁王李宪,看到一个卖饼人的妻子明艳动人,就给了卖饼人一笔钱,把他的妻子强娶作妾,十分宠爱。过了一年多,宁王问她:"你怀念饼师吗?"她点点头。宁王就召卖饼人进府,让他们见面。妻子面对故夫,泪流满颊,凄惨欲绝。这时有十余位文士在座,都很感动,宁王就叫他们做诗记下这件事。王维的诗最先完成,诗云:"莫忘今时宠,而忘旧日恩,看花满眼泪,不共楚王言。"

宁王看了很感动,立即把她送还饼师,让他们破镜重圆。王维这首诗,题名《息夫人怨》,典故是:"春秋时,楚文王灭了息国,娶了息侯的夫人为妻,息夫人很得宠,但是始终默默无言。"王维借用了这个典故,把饼师妻比作息夫人,显出女人坚贞可敬。

口吃的邓艾

邓艾是三国时魏国名将,曾任征西大将军,帅师伐蜀,是平蜀的第一功臣。邓艾相貌英俊,但是他有轻微的口吃,与人说话时常常结巴。

《世说新语》载:邓艾口吃,语称"艾艾",晋文王戏曰:"聊云'艾艾',定是几艾?"

对曰:"凤兮凤兮,故是一凤。"

相传楚狂人接舆曾对孔子歌曰:"凤兮凤兮,何德之衰!往者不可谏,来者犹可追。"意在劝说孔子,世道衰微,不必执著于企求恢复礼乐世界的梦想。

这是说邓艾因口吃结巴,对人自称时,常把自己名字"艾"念作"艾艾"。司马昭开玩笑问他到底是几个艾。邓艾并未正面作答,而以孔子来自比。邓艾引此作答,既见其机智巧妙,又深含了一种高尚自比的自负,真是妙语奇辩,令人叹赏。

佛头上的鸟粪

这是个佛教的机辩故事。

有个叫崔相公的到一所寺庙拜佛,看见鸟雀在佛像头上拉屎,有意问道:"这些鸟雀有佛性吗?"

寺庙大师依经典而答:"有佛性。"

崔相公抓住机会进一步追问:"既然这些鸟雀有佛性,为什么还在佛像头上拉屎?"

这个问题提得相当尖锐,但是大师更为聪明,他没有正面回答,而是巧妙地提出了一个反问:"它们为什么不在鹞子头上拉屎?"

这个回答轻易而自然地把这一尖锐的矛盾避开了。而且又从侧面说明鸟是有佛性的。因为这些鸟雀所以在佛像头上拉屎，是它们知道佛不会伤害它们；不在鹞子头上拉屎，是因为鹞子会伤害它们。鸟雀既然能区别这一点，也就证明了它们是有佛性的。

秦宓的回答

三国时，东吴派遣张温访问蜀国。访问结束后，蜀国的文武百官都齐集一堂，为张温饯行，只有别驾中郎秦宓一人因故后到。张温侧身向诸葛亮询问："他是什么人？"诸葛亮回答说："是学士秦宓。"

张温素知秦宓有辩才，所以想刁难刁难他。

于是张温就问秦宓："您还在学习吗？"

秦宓说："我们蜀国中，五尺童子都在学习，我怎么能例外呢？"

张温说："那我想问：天有头吗？"

秦宓答："有头啊。在西方。《诗经》中不是说'乃眷西顾'嘛！"

张温又问："天有耳朵吗？"

秦宓回答："有啊，天居于高处而能听到低处的声音。《诗经》中说'鹤鸣九皋声闻于天'。"

张温再问："天有脚吗？"

秦宓说："有，《诗经》中写道：'天步艰难'，没有脚哪来的步呢？"

张温又问："天有姓吗？"

秦宓说："有姓。姓刘，从天子姓刘而得知。"

秦宓的对答如流，让包括张温在内的人都十分佩服。

解缙的妙答

解缙是明代著名的大才子。

有一天，皇帝对他说："卿家，人人都说你很聪明。今天我叫左丞相说一句真话，叫右丞相说一句假话，只准你加一个字，把两句话连成另一句假话，行吗？"

解缙连称："遵命。"

于是，左丞相说了句真话："皇上坐在龙庭上。"右丞相说了句假话："老鼠捉猫。"

这两句话简直风马牛不相及。大家都担心解缙难以连成一句假话。但解缙应声答道："皇帝坐在龙庭上看老鼠捉猫。"这当然还是一句假话。

皇帝不肯罢休，改口道："还是那两句话，你用一个字把它连成一句真话。"

解缙随即答道："皇上坐在龙庭上讲老鼠捉猫。"

自愧不如

清朝时，有个姓潘的山东人到江南某县当县令。刚上任时，当地秀才自恃为"江南才子"，瞧不起他这个"江北佬"，便想方设法让他丢丑，就一起想出了一副对联向他夸耀江南："多山多水多才子。"

潘县令了解他们的用意，微微一笑之后，便以山东为题，镇静自若地答道："一泰一岱一圣人"。孔夫子在读书人的心目中无比神圣，众秀才听后面红耳赤，自愧不如。

曹操的阴谋

曹操年轻的时候不务正业,喜欢飞鹰走马,恣意地到处游荡。他的叔父为他的前程着想,很不满意他的所为,于是屡次提醒曹操的父亲曹嵩,让他对曹操严加管教。为此,曹操经常受到父亲的责罚。于是,曹操就想了个诡计,离间父亲对叔父的信任。

一天,曹操等在叔父必经的路上,一见到叔父的车马,他就一头躺在地上,口吐白沫,浑身抽搐。叔父看到之后不禁大吃一惊,连忙扶起他到阴凉处休息。过了一会,曹操装作很努力醒过来的样子,叔父忙问他是怎么回事。曹操故作虚弱地说:"侄儿可能中了恶风。"叔父信以为真,马上跑去告诉了曹嵩。

曹嵩闻讯赶来,却发现曹操口貌端正,没有一点中风的样子。曹嵩问他说:"你叔叔说你中风了,你怎么一点事都没有啊?"

曹操说道:"我根本就没有中风,只是叔叔不喜欢我,才到你那里说我的坏话。"因此,曹嵩对曹操的叔叔产生了疑心。以后,叔父再向曹嵩说曹操的不对,曹嵩都不相信。失去了父亲、叔父的管教、监督,曹操变得更加恣意妄为了。

解缙渡难关

一次解缙奉旨陪朱元璋在金水河钓鱼,整整一个上午一条都没钓到。朱元璋十分懊丧,便命解缙写诗记之。没钓到鱼已经够扫兴的了,这诗该怎么写? 写得不好,无疑是火上浇油。

解缙真不愧是才子,稍加思索,就信口念道:"数几绝丝入水中,金钩抛去永无踪,凡鱼不敢朝天子,万岁君主只钓龙。"朱元璋一听,龙颜大喜。解缙靠自己的机智和才华成功地渡过了难关。

庄子不相楚

《史记》记载有庄子不相楚的故事,《庄子·秋水》中有对这件事的具体描写:

庄子钓于濮水,楚王使大夫二人往告焉,曰:"愿以境内累矣!"庄子持竿不顾,曰:"吾闻楚有神龟,死已三千岁矣,王以巾笥而藏之庙堂之上。此龟者,宁其死为留骨而贵乎?宁其生而曳尾于涂中乎?"二大夫曰:"宁生而曳尾涂中。"庄子曰:"往矣,吾将曳尾于涂中。"

翻译过来就是:庄子在濮河钓鱼,楚国国王派两位大臣前去请他(做官),(他们对庄子)说:"(楚王)想将国内的事务麻烦您啊!"庄子拿着鱼竿没有回头看(他们),说:"我听说楚国有(一只)神龟,死时已经三千岁了,国王用锦缎包好放在竹匣中珍藏在宗庙的堂上。这只(神)龟,(它是)宁愿死去留下骨头让人们珍藏呢,还是情愿活着在烂泥里摇尾巴呢?"两个大臣说:"情愿活着在烂泥里摇尾巴。"庄子说:"请回吧!我要在烂泥里摇尾巴。"

这段话极富庄子风采,既见智辩之机敏,又见设喻之巧妙,寥寥数语,情理尽在其中。

皇帝与老头子

纪晓岚担任《四库全书》的总纂官时,这天正值盛夏,热浪滚滚。纪晓岚又是身高体胖,所以很怕热,干脆脱去朝服打着赤膊在办公。

这时,乾隆皇帝突然来视察全书的进程。封建社会里,衣冠不整见驾可是欺君之罪,更何况纪晓岚这副模样!他慌得连忙钻进桌子底下藏起来。其实乾隆刚进门时就看到了,但他想借机戏弄一下这个大才子。他转身对随从和四库馆的侍卫摇手示意,叫他们别作声,自己就在纪晓岚藏身的桌前坐下来,不说话也不动。

过了很长时间,桌子底下让人憋气又热得不行,纪晓岚忍不住了。他偷偷听听外面,鸦雀无声,又有桌帏遮着看不见,弄不清皇上走了没有,于是他偷偷伸出手叫侍从,低声问:"老头子走了吗?"

乾隆听见他的狼狈样,又听纪晓岚称自己为"老头子",心里又好气又好笑,故意喝道:"放肆!谁在这里?还不快滚出来!"

纪晓岚大惊之下,只好爬出来跪在地上,等待乾隆发落。乾隆说:"你为什么叫我老头子?讲得有理就饶了你。否则……"他缓缓捻着胡须,等待纪晓岚回答。

纪晓岚脑筋一转,很快回答说:"陛下是万岁,称'老'自不为过;贵为君王,一国之首,万民仰戴,当然是'头';天子乃'天之骄子'也。"

乾隆明明知道这是纪晓岚的诡辩,但他却讲得头头是道,而且又大大奉承了自己一番,于是哈哈笑道:"卿急智可嘉,恕你无罪!"

巧言祸事

战国时代,有个著名的辩士名叫张丑,被送到燕国当人质。由于种种原因,燕王要杀死他。他听到这一消息后,惊惶失措,立即逃走了。

他日夜兼程,眼见就快要脱离燕国的边境了,可是不幸的是,他竟然被燕国边境的巡官捉住了,准备把他送回燕王处。

张丑对那个边境巡官说:"你们燕王之所以要杀我,是听别人说我有很多珠宝,燕王想要这些珠宝。事实上那些珠宝已经没有了,但是燕王不相信我的话,我才想逃走。现在你们把我拘捕送给燕王,我就对他说是你把这些珠宝都吞在肚子里了,燕王到时候一定会把你剖膛开腹的。"

燕国边境巡官被这番话吓呆了,就立即放了张丑,让他逃出燕国。

机智的兄弟

钟毓是钟会的哥哥,他们俩都是魏国重臣、著名书法家钟繇的儿子。兄弟俩自小聪颖。据《世说新语》载:

钟毓钟会少有令誉,年十三,魏文帝闻之,语其父钟繇曰:"可令二子来!"于是敕见。毓面有汗,帝曰:"卿面何以汗?"毓对曰:"战战惶惶,汗出如浆。"复问会:"卿何以不汗?"对曰:"战战栗栗,汗不敢出。"

言辞之妙,在当时被传为佳话,想想十来岁的小孩子,初见皇帝,而且魏文帝曹丕又负有文名,所以诚惶诚恐在所难免。但两兄弟在对答之中既见善辩之才,又恰到好处地奉承了皇帝,这是十分难能可贵的。

还有一篇记载：

钟毓兄弟小时，值父昼寝，因共偷服药酒，其父时觉，且托寐以观之。毓拜而后饮，会饮而不拜。既而问毓何以拜，毓曰："酒以成礼，不敢不拜。"又问会何以不拜，会曰："偷本非礼，所以不拜。"

钟毓从酒为恭奉礼品角度作辩，所以拜是理所当然的；钟会则从偷为非礼行为解释，所以不拜也是情之所允。两兄弟的辩才由此可见一斑。

太阳的远与近

晋代的皇帝，很少有所作为者，但颇为聪明善辩的倒不少。《裴子语林》及《世说新语》都记载有很多晋代皇帝的善辩的故事。

晋明帝司马绍从小就很聪明机灵，他四五岁时常坐在父亲元帝司马睿膝上玩。

一天恰遇有人从长安来拜见晋元帝。当时晋室已丧失了北方疆域，偏安江南，元帝感念故国，便向来人打听西晋都城洛阳的消息，元帝想从小儿口中预卜一下兆头，便问明帝："你觉得长安远还是日远？"

明帝回答："只听说有人从长安来，却没听说有人从日边来，所以日远。"

元帝听后很高兴。第二天，他召集群臣宴会，将此事告知满朝文武，并重新以此问明帝。不料这次明帝却回答："日近。"元帝听后，很奇怪地问："你为什么讲得和昨天不同？"明帝回答道："举目见日，不见长安。"

明帝此辩，前后殊异，但其机巧自如，真是妙语奇出。

汪伦与李白

唐朝有个叫汪伦的人，很崇拜大诗人李白。他知道李白好酒也爱游山玩水，于是写信给李白说："先生好游乎？此地有十里桃花。先生好饮乎？

此地有万家酒店。"

李白收到信后果然欣然前往，却全然不见所想象的情景。原来，当地并无桃花，"十里桃花"指的是方圆十里的桃花潭。酒店倒有，只有一家，主人姓万。

不过，尽管如此，因李白豪放的天性，还是跟汪伦纵酒豪饮。临行时汪伦又踏歌相送，李白感动之余，写下了"桃花潭水深千尺，不及汪伦送我情"的动人诗篇。

我才高一倍

《启颜录》有个故事：

北齐时，北齐文宣帝高洋读到《文选》中郭璞写的《游仙诗》时，忍不住嗟叹称善。

一旁的石动筒站起来说："陛下，我看这诗没什么，若让我来做，一定超过他一倍。"高洋不太高兴，说他是在自吹自擂。

石动筒答道："那就让微臣试试吧！如果不超过他一倍，情愿该当死罪！"

高洋很好奇，就允他所请。石动筒从容不迫地说："陛下，郭璞的《游仙诗》中有一句是：'青溪千余仞，中有一道士。'我现做一联和他比比：'青溪千余仞，中有二道士'，你看，我的诗不是超过他的一倍吗？"

高洋一听，忍不住大笑。

不，也有米饭

一位顾客在一家饭馆吃饭。米饭中沙子很多，顾客把沙子吐出来——放在桌子上，一会儿放了好几粒。

一旁的服务员见此情景感到很不安,他走到客人旁边抱歉地问:"尽是沙子吗?"

顾客摇摇头微笑着说:"不,也有米饭。"

登山家之死

登山家利维尔的尸体是在 1 月 15 日中午 11 点 15 分左右,在雪山上的一间小木屋里被人发现的。赶到小木屋后,警察一边检验尸体,一边搜查凶手的行踪。

经过法医鉴定,其死亡时间在今天 7 点 30 分到 9 点 30 分。有一个老板说他 9 点整还曾和利维尔打过电话,所以,其死亡时间范围进一步缩小了!

调查之后,有 3 名嫌疑人。他们全都是登山爱好者,与利维尔在同一家登山协会,听说近来因为远征喜马拉雅山的人涉及女人、借款等原因,他们还与利维尔发生过激烈的冲突。为了避免尴尬的场面,三人都在 1 月 15 日离开小木屋到山庄去住,只留下利维尔一人待在小木屋里。

其中,第一位嫌疑人是罗宾。他在证券公司就职,早上离开小木屋下山的,10 点多到达山庄。走这段路他只花了 4 个半小时,速度是非常快的,不过罗宾最快的纪录是 3 个小时。

第二位嫌疑人是在杂志社就职的特雷。他与贸易公司的泽比都是在 7 点 30 分一起离开小木屋的。到一条分岔路时,泽比就用自动滑翔伞下滑,10 点整到达了山庄。

第三位嫌疑人是泽比。他利用自动滑翔伞下降一段距离后,本想改通过滑雪下山,但是发现滑雪工具有一部分不见了,只好走下山,到达山庄时已经是 11 点多了。因为他在上一次登山中弄伤了腿,所以从滑翔伞降落处走到山庄,全程计算起来最快要花 3 个小时!

至于不见了的滑雪工具之后在山庄附近的树林中找到了。

究竟这 3 个人谁是凶手呢?

罗宾步行,最快需要 3 个小时,而他却用了 4 个多小时,他是早上 6 点多出发的,从山庄返回杀人现场再回到山庄,不可能会那么快,因此他可以被排除。

特雷只用了 2 个半小时,因此他也不可能有时间杀人。

泽比滑了一段再走路,反而要 4 个小时。并且发现雪具是在山庄附近,也就是说也许到了山庄附近后刻意丢掉雪具,而且他的腿伤也有可能是假的。因此,最有可能返回木屋杀人的就是泽比了,他有充足的作案时间。

急中生智

俄国一个流浪汉不慎掉进涅瓦河。他一边挣扎一边高呼救命,但岸边的两个宪兵理都不理。流浪汉灵机一动,放声高喊:"打倒沙皇!"宪兵一听赶忙跳下水去抓住他,关进了监狱。

自吹自擂的人

一天,是祭祖的日子。汉武帝传令在大殿赐肉给百官,由于皇上迟迟不来,又是大中午的,肉都快放坏了。东方朔等急了,拔剑割了一大块肉就回去了。有人把这件事报告了汉武帝。武帝很生气。第二天上朝时命令东方朔写请罪书。东方朔大笔一挥,写了一篇请罪书,写的是:"朔来!朔来!受赐不待诏,何无礼也!拔剑割肉,其何壮也!割之不多,又何廉也!归遗细君(妻子),又何仁也!"

汉武帝看了东方朔的请罪书,大笑说:"我想让先生自责,没想到你倒夸奖起自己来了。"

巧妙类比

墨子是春秋时期著名的思想家。他在政治上主张兼爱、非攻,并且一生都在贯彻自己的主张。当他听说楚惠王要攻打宋国就日夜兼程地前去说服他,鞋子都磨破了好几双。

墨子问楚惠王:"听说有这样一个人,自己有华美的车子不坐,却要偷人家的破车子坐;自己有绫罗绸缎不穿,却穿着偷来的破衣烂衫;自己有鸡鸭鱼肉不吃,却偷吃邻居的糟糠烂菜,你说这算什么人呢?"

楚惠王觉得好笑,脱口道:"这个人必定有偷窃的毛病。"

墨子抓住机会大讲楚国地大物博,宋国地狭物贫,并推出一个结论:"你要攻打宋国,岂不也和偷盗者有相同的毛病。"

楚惠王理屈词穷。

晏子使楚

晏子出使楚国。楚王知道他身材矮小,就在城门旁边特意开了一个小洞,想让晏子从小洞中进去。晏子到了城门前不肯进去,他说:"只有出使狗国的人,才从狗洞中进去。现在我出使的是楚国,不应该是从此门进去吧。"迎接的人只好打开大门,请晏子从大门中进去。

晏子拜见楚王。楚王说:"齐国恐怕是没有人了吧?"晏子回答说:"齐国首都临淄有七千多户人家,展开衣袖连在一起可以遮天蔽日,挥洒汗水就像天下雨一样,肩挨着肩,脚跟着脚,怎么能说齐国没有人呢?"楚王说:"既然这样那么为什么派你这样一个人来做使臣呢?"晏子回答说:"齐国派遣使臣有一个规矩,那些贤明的人就派遣他出使贤明君主的国家,不贤、没有德才的人就派遣他出使无能君主的国家,我是最无能的人,所以就只好出使楚国了。"

后来,晏子又要出使楚国。楚王听到这个消息,又记起了上次受晏子奚落的事,对手下说:"晏婴是齐国的善于言词的人。今天他将要来,我想侮辱他,用什么办法呢?"手下回答说:"当他到来时,请允许我们绑着一个人从大王面前走过。大王就问:'他是干什么的人?'我们回答说,'是齐国人。'大王再问:'犯了什么罪?'我们就回答说:'他犯了偷窃罪。'这样一定会让晏子丢面子。"楚王感觉这个主意不错,就同意了。

晏子到了之后,楚王在大殿上请晏子喝酒,两个卫士绑着一个人到楚王面前去。楚王问道:"绑着的是什么人?"卫士回答说:"是齐国人,犯了偷窃罪。"楚王看着晏子问道:"齐国人本来就善于偷东西的吗?"

晏子离开了坐席回答道:"我听说这样一件事:橘生长在淮河以南就是橘子,生长在淮河以北就变成枳,只是叶子的形状相似,但是橘子是甜的,枳却是苦的。为什么会这样呢? 水土条件不相同啊。现在这个人生在齐国不偷东西,一到了楚国就偷东西,莫非是楚国的水土使百姓善于偷窃吗?"

楚王苦笑着说:"圣人是不能戏弄的,我反而自讨没趣了。"

触龙说赵太后

赵太后刚刚执政,赵国政局很不稳定,秦国趁机进攻赵国。赵太后向齐国求救。齐国说:"一定要用长安君来做人质,援兵才能派出。"长安君是赵太后最心疼的小儿子,赵太后不肯答应。很多大臣都极力劝谏,但是太后公开对左右近臣说:"有谁敢再说让长安君去做人质,我一定往他脸上吐唾沫!"

年近古稀的左师触龙去见太后。太后知道他来干什么,气冲冲地等着他。触龙虽然做出快走的姿势,但是却慢慢地挪动着脚步,很大一会儿才到

逻辑应该这样玩才爽

— 133 —

了太后面前,谢罪说:"老臣脚有毛病,不能快跑,很久没来看您了。又总担心太后的贵体有什么不舒适,所以想来看望您。"

太后说:"我现在全靠坐车子行动。"

触龙问:"您每天的饮食该不会减少吧?"

太后说:"吃点稀粥罢了。"

触龙说:"我近来很不想吃东西,自己只勉强走走,每天走上三四里,就慢慢地稍微增加点食欲,身上也比较舒适了。"

太后说:"我做不到。"说了这些老年人关心的闲话之后,太后的怒色稍微消解了些。

左师说:"我的儿子舒祺,年龄最小,不成才,但我最疼爱他,希望能让他递补上卫士的数目,来保卫王宫。我冒着死罪禀告太后。"

太后说:"可以。年龄多大了?"

触龙说:"十五岁了。虽然还小,希望趁我还没入土就托付给您。"

太后说:"你们男人也疼爱小儿子吗?"

触龙说:"比妇女还厉害。"

太后笑着说:"妇女特别厉害。"

触龙回答说:"我却认为,您疼爱您的女儿燕后就超过了疼爱长安君。"

太后说:"您错了,不像疼爱长安君那样厉害。"

左师公说:"父母疼爱子女,就得为他们考虑长远些。您送燕后出嫁的时候,握住她的脚后跟为她哭泣,为她远嫁而伤心,也够可怜的了。她出嫁以后,您也并不是不想念她,可您祭祀时,一定为她祝告说:'千万不要回来啊。'难道这不是为她作长远打算,希望她生育子孙,一代一代地做国君吗?"

太后说:"的确是这样的。"

左师公说:"从这一辈往上推到三代以前,一直到赵国建立的时候,赵王被封侯的子孙的后继人还有在的吗?"

赵太后说:"没有了。"

触龙说:"不光是赵国,其他诸侯国君的被封侯的子孙,他们的后人还有在的吗?"

赵太后说："我没听说过。"

左师公说："他们当中祸患来得早的就降临到自己头上，祸患来得晚的就降临到子孙头上。难道国君的子孙就一定不好吗？这是因为他们地位高而没有功勋，俸禄丰厚而没有劳绩，占有的珍宝却太多了啊！现在您把长安君的地位提得很高，又封给他肥沃的土地，而不趁现在这个时机让他为国立功，一旦您过世了，长安君凭什么在赵国站住脚呢？我认为您为长安君打算得太短了，因此我认为您疼爱他不如疼爱燕后。"

太后说："任凭您指派他吧。"

左师就替长安君准备了 100 辆车子，送他到齐国去做人质。齐国的救兵于是就出动了。

面包与啤酒

一位又饿又渴的旅行者走进一家酒馆，问："老板，有面包吗？"

老板："有。先生，两元一个。"

"给我拿两个。"

"两个四元，请您拿好。"

"啤酒多少钱一瓶？"

"四元钱一瓶。"

"我现在觉得渴得更厉害，我想用这两个面包换一瓶啤酒，可以吗？"

"当然可以，给您，先生。"

旅行者接过一瓶啤酒一饮而尽，接着背起背包就要出门。

老板忙跟上来说："先生，您还没付啤酒钱！"

"可我是用面包换来的啤酒啊。"

"您的面包钱也没有付啊！"

"我没吃你的面包，为什么要付面包钱呢？"

老板一时间无言以对，旅行者嘻嘻一笑，掏出钱给了老板，又回去要了两个面包,老板也认出了旅行者乃是一位著名的作家,在跟自己开玩笑。老板忙又准备了一些食物和啤酒,招待了这位稀客。

假证据

有一天,花村下了一整天的大雪,直到晚上9点多钟,雪才停了,地上大概积了20厘米厚的雪。在晚上大约10点,花村发生了一起谋杀案,死者是住在村边上的单身老头张某。

经过初步调查,警察发现了一名重大嫌疑的男子,就是住在村子另一头的单身汉李某。

紧接着，警察就连夜把他叫来。李某提供了自己不在现场的证据：

"因为我一直是一个人住，所以没有人能证明当时我不在现场。可是我的确是一直都待在家里的。9点多钟时，我烧水准备洗澡。这样9点左右我正在洗澡呢。"

你相信李某提供的不在现场的证明吗？

警察在他的院子里察看了一番，发现李某说了假话。

参考答案

李某不在现场的证据是假的。因为他说烧水洗澡，可是烟囱上的雪并没有融化，风一吹雪就飞起来了。

卖乌龟的小伙子

有一个小伙子在一个热闹的集市上叫卖乌龟。

"卖乌龟了！卖乌龟！谁要买乌龟？鹤命千年，龟寿万年。能活一万年的乌龟呀，便宜啦！"

有个中年人挺喜欢爬行动物，就买了一只。可第二天一看，乌龟已经死了。他气呼呼地跑到集市上，找到那个卖乌龟的人，气愤地说："喂！你这个骗子！你说乌龟能活一万年，可它只活一个晚上就死了！"

小伙子哈哈笑着答道："先生，这样看来，昨天晚上它刚好满一万年。"

算命先生的诡辩

"父在母先亡"。这是古代的算命先生给人算命时使用的乩语。这是一个可以自圆其说的诡辩。它可以有四种解释：一是"父在，母先亡"；二是"父

逻辑应该这样玩才爽

在母之先亡";如果父母健在,可以解释为将来;即使父母都去世了,也可以解释为"父亲在的时候,母亲就去世了。"或者是"父亲在母亲以前就去世了。"真是左右逢源,怎么解释都不错,由此可以看出古代算命这个行当之所以能长盛不衰,就是靠了这些高超的语言技巧。诡辩是一种欺骗,乍一听,它蛮有道理,并因其刺激、新奇而令人心惊,但随后,当其虚饰之伪装被揭穿,就会自取其辱。

你也踩我脚一下吧

上班高峰期,在一辆十分拥挤的公共汽车上,突然的一个急刹车,一个小伙子没站稳,他的皮鞋一下子踩到身后一位姑娘的脚上。姑娘"哎哟"一声,张嘴就要骂他。小伙子马上道歉:"实在对不起,踩脏了你的鞋,不是故意的。"见对方火气未消,还要说什么,便把自己的脚往前一伸,说:"如果你还生气,也踩我脚一下?"姑娘一看他那诚实、憨厚的样子,忍不住扑哧一声笑了:"没什么!"

小伙子靠自己机敏的反应和幽默的语言避免了一场争吵。

乌戴特解窘

一次,德国的柏林空军俱乐部举行了一场盛宴招待空军英雄。一位年轻士兵为大家斟酒时,不慎把酒洒在乌戴特将军的秃头上。顿时,所有士兵悚然,全场一片寂静。士兵更是吓得呆立在那里,手足无措。

乌戴特将军掏出手绢擦了擦头上的酒,然后悠悠然地轻抚那个士兵的肩头,说:"老弟,你以为这种治疗有用吗?"

语音刚落,全场立即爆发出响亮的笑声,人们为将军的宽容和特有的幽默感而欢呼。年轻士兵更是感激地流下眼泪。

查尔斯认错

英国牛津大学有个叫艾尔弗雷特的学生,因能写点诗而在学校小有名气,他为此非常自负,经常在同学们面前朗诵自己的诗作。

一天,艾尔弗雷特又在同学们面前朗诵自己创作的新诗。有个叫查尔斯的同学听过之后跟朋友们说:"艾尔弗雷特的这首诗我非常感兴趣,它是从一本书里拿来的。"

艾尔弗雷特听到这话非常恼火,要求查尔斯当众向他道歉。

查尔斯答应了,他当着同学们和艾尔弗雷特的面说:"我以前很少收回自己讲过的话。但这一次,我确实错了。我本以为艾尔弗雷特的诗是从我读的那本书里拿来的,但我到房里翻开那本书,发现那首诗仍在那里。"

钢琴家的座位

著名的俄罗斯钢琴家鲁宾斯坦的音乐会马上就要开始了。

这时,一个女人闯进了演员休息室。这是一位衣着华丽的贵妇,所以工作人员也没有阻拦。

"啊,鲁宾斯坦先生,见到您我真是太幸福了。我没有票,求您给我安排一个座位吧。"一见到鲁宾斯坦,她就握住钢琴家的手风风火火地说。

"可是,太太,剧场可不归我管辖啊,这儿一共只给我一个座位。"钢琴家很和善的说。

"您就行个好,把它让给我吧!"

"行,我把这个座位让给您,要是您不拒绝的话。"钢琴家微微一笑说。

"我拒绝?那绝对不会的!请快领我去吧!座位在哪儿呢?"

"在钢琴边的琴凳上。"

雁肥了,就飞不动了

德国发明家奥托·李林塔尔和他的兄弟古斯塔夫在研究滑翔机的时候,生活非常艰苦,一天维持一顿饭都很困难。

有一次女房东同情地看着这对日渐消瘦的兄弟说:"你们是怎么回事啊? 花那么多钱买些没有用的东西,连饭都吃不饱,像流浪汉似的!"

"咳,太太! 您误会了!"奥托笑着说,"您要知道,我们是故意勒紧裤带的,雁一肥,就飞不动了……"

不久,奥托试飞成功,他的名字享誉全球,被尊称为"蝙蝠侠",他的滑翔机为飞机制造者们提供了宝贵的数据和资料。

没有能力养家

有人问一位诗人:"为什么诗人不像其他小说家、音乐家、书法家等后面都有个'家'字,而独称为诗人呢?"

另一个人插嘴回答:"诗人有浪漫情怀,总要到处去找灵感,怎能有'家'的拖累?"

诗人感叹地说:"您说错了,诗人不称'家'是因为诗卖不了几个钱,没有能力养家。"

教导有方

国足运动员:"教练,我总把球踢得偏离球门,这是为什么?"

教练："这是因为你对着门踢。如果你往别处踢，就有可能让球进入球门了！"

赶人与感人

"你看我们的戏怎么样？"

"很'赶人'"。

"哦，请您说具体点，哪场戏最感人？"

"说不上哪一场，反正观众看了都坐不住，争着退场。"

鱼饵别放久了

一位父亲问她漂亮的女儿为何还不结婚。女儿自信满满地告诉他，她曾有过好几位男友，但他们都不能使她如意称心，她想再等一等，挑一挑。

老父亲叹口气警告女儿抓紧点，当心做一辈子老姑娘。漂亮的女儿听后，满不在乎地对她父亲说："噢，放心吧，亲爱的爸爸，大海里鱼多着呢！"

"是呀，我的孩子，"老父亲笑了笑答道，"可钓饵放久了就没味了！"

毫无隐瞒

第二次世界大战时，英国首相丘吉尔到美国去跟美国总统罗斯福商谈战争事宜，想让美国对英国进行援助。一天早晨，丘吉尔躺在浴盆里，抽着他那特大号雪茄烟。门开了，进来的竟然是美国总统罗斯福。丘吉尔大腹便便，肚子露出水面……这两个世界知名伟人在此见面，都显得非常尴尬。丘吉尔扔掉烟头，自若地说道："总统先生，我这个首相在你面前可真是一点也没有隐瞒。"说完两人哈哈大笑起来。

女作家的感情

著名女作家谌容访问美国时，一次宴会中突然有人问她："听说您至今还不是中共党员。请问，你对中国共产党的私人感情如何？"这个问题还是有些敏感的，所以她风趣地答道："你的情报很准确，我确实还不是中国共产党党员。但是，我的丈夫是老共产党员，而我同他共同生活了几十年，尚无离婚的迹象可见，你说说看我同中国共产党的感情有多深？"谌容的回答非常得体，并且十分巧妙。

马雅科夫斯基的诡辩

马雅科夫斯基是苏联著名诗人，不仅诗写得好，他的辩才也很出色，尤为幽默风趣，成为十月革命后的一个出色的红色宣传鼓动家。

一天上午，他在彼得堡涅夫斯基大街散步，遇见一个头戴小黄帽的女人，正向一群市民造谣诬蔑布尔什维克。她声嘶力竭地喊着："布尔什维克是土匪、强盗。他们整天杀人、放火、抢女人……"马雅科夫斯基听罢顿时感到怒不可遏，但面对许多不明真相的人，很难用一两句话来反驳她。

于是，他对围观的众人喊道："抓住她！她昨天偷了我的钱包！"

"你在瞎说什么?!"那女人一听，不知所措，惊慌地解释道，"你这人真是，你搞错了吧？"

"没错！"马雅科夫斯基一本正经地对众人说，"就是这个戴绣花黄帽的女人，昨天偷了我25个卢布。"

众人纷纷讥笑这个女人，一走而散，女人哭哭啼啼地拉住他说："我的上帝，你仔细瞧瞧我吧！我真是头一次见到你啊。"

"可不是吗？太太，你才头一次看见一个布尔什维克，怎么就大谈起布尔什维克来了？……"

"我只是在摇我自己的头"

有一次，跟丘吉尔共事的保守党议员希克思在议会上演说，看到丘吉尔在旁边一个劲摇头，便不满地说："我想提请尊敬的议员注意，我只是在发表自己的意见。"丘吉尔则一边继续摇头一边对答道："我也想提请演讲者注意，我只是在摇我自己的头。"

丘吉尔幽默的才华是出了名的。既然你有自由发表自己意见的权利，我当然也有摇自己的头的权利。丘吉尔以变应变，希克思则显得有点自讨没趣。

丢失的文件

一家公司的保密柜里编号是 1016 的机密文件被偷了。该公司的保密员甲马上报了案。

警察长 A 接到报告后，立即赶过来调查。

机密文件被盗了这件事只有保密员甲知道，A 嘱咐甲千万不要声张，经过仔细调查后，应该是公司的员工作案。

A 让甲叫来了知道保密柜号码的其他两个人。

"因为有一点事情的需要，我想请你们说一下自己昨天下班之后的行踪。"A 对三人说。

"哦，5 点半的时候，我和朋友一块儿去吃饭，9 点多我们就各自回家了。公司的小史一直和我在一起。"许某非常坦然地说。

"我是直接回的家，后来在半路上发现自己忘拿手机了，于是就又回来了，当时老张还在公司。今天因为家里有事，所以就请了假。有关 1016 文件被盗的事，我一点儿都不知情。"赵某泰然自若地说。

他们两人刚说完，A 突然指着其中一个人说：

"你就是盗贼！"

究竟谁才是盗贼呢？

参考答案

盗贼是赵某。因为只有保密员一个人知道机密文件被盗了，赵某不但知道发生了偷盗案，还可以说出文件的编号，不是不打自招吗？

钓鱼的诡辩

巡警:"这里不许钓鱼。"

钓者:"我不是钓鱼,是让蚯蚓游泳。"

巡警:"那么你把蚯蚓拿给我看。"

钓者:"你看!"

巡警:"不行,裸体游泳,该罚款。"

当然这种以变应变既缓和矛盾也能达到效果,英国大作家狄更斯甚至把它化为富有恶作剧式的幽默。

狄更斯十分爱好钓鱼。他把钓鱼视为最有意义的休息。一天,他正在钓鱼,一个陌生人走来问他:"怎么,您在钓鱼吗?"

"是啊!"狄更斯答道,"今天钓了半天,没见一条鱼,可是昨天我在这同一个地方钓到了15条呢!"

"是吗?"陌生人沉下脸来反问,"那您知道我是谁吗? 我是这地方专门检查钓鱼的,这段河里严禁钓鱼,您昨天竟然在这里钓走了15条鱼,我要依据规定对您进行罚款了,这是我的职责。"

狄更斯反问:"那您知道我是谁吗?"

陌生人惊讶之际,狄更斯哈哈大笑着说:"我是作家狄更斯。您不能罚我的款,因为虚构故事是我的职业。"

为什么迟到

小瑞来到学校,上课铃已经响过多时了。

"出了什么事了,这么晚才来?"老师生气地问他。

"我遭到了武装暴徒的袭击。"小瑞显得一脸忐忑。

"上帝！他抢走你的什么了？"

"作业。"

近亲结婚

有对夫妻老是吵架。有一次妻子愤怒地嚷道："我真后悔，早知道这样，我嫁给魔鬼也比嫁给你强！"

"这是不可能的，你难道不知道吗？近亲结婚是不允许的。"总是挨训的丈夫不满地嘟囔道。

南辕北辙

一位游客招手请公交司机停车。他站在车门旁问售票员："从这里到摄政园要多少钱？"

售票员回答："5便士。"

旅游者摸了摸口袋，没有上车。但车子一开动，他就跟在后边跑起来，当他在下一站气喘吁吁地追上那辆汽车时，他又踏上车门问："现在到摄政园要多少钱？"

售票员说："10便士，您跑错方向了。"

"我跟你一起走"

约翰先生下班回家，发现他的妻子正在屋里气冲冲地收拾行李。

"你在干什么？"他问。

"我再也待不下去了，"妻子喊道，"一年到头，老是争吵不休！我要离开这个家！"

约翰迟疑了一下，轻声说："等一等，亲爱的，我也待不下去了！等我收拾东西，我跟你一起走！"

荷塘里的鱼

有一户人家，姐姐和她娘家弟媳同时怀了孕。10 个月之后，姐姐和弟媳同时生了孩子，一个女孩，一个男孩。满月后的第三天，弟媳来到县衙告状，说婆家姐姐在回娘家时把她的儿子换成了女孩。

知县孔铁林接案后，连审两堂也没问出头绪来，这让他很头疼。两方互不相让，两方证人都用各种手段分别证明自己生的是男孩，无论如何都看不出任何破绽。

这下可真让孔铁林犯了难。这天夜里，孔铁林猛然想出了一个好办法，他传话告诉二人，说明天晚上再审。

第二天晚上，月光很淡，孔知县端坐在西花厅上，靠着花厅的栏杆，他的后面就是一个半亩大的荷花塘，里面还养了很多荷花。原告、被告和证人带到后，双方仍然是各执一词，吵得孔铁林心烦意乱。孔铁林故意一甩袖子，直接回内室去了。

花厅上一时鸦雀无声，众人面面相觑。这时知县夫人走出来说："为了这个男孩，老爷都烦了，想必是孩子长得姣好，才争成这个样子。让我来看一看。"说着，就从姐姐怀里接过孩子，径直抱进了内室。

片刻，孔铁林眉头紧锁地走出来继续问案，见此案依然问不出啥名堂来。他顿时火冒三丈，手执惊堂木，在案桌上拍得"啪啪"震天响，假装发泄自己的愤怒。

正在这时，佣人把小孩子抱了出来，说是夫人已经看过，要把孩子还给孩子的母亲。孔知县趁机随手接过来，怒气冲冲地指着孩子道："为你这乳臭未干的小儿，累得我连审两天都没有结果。像你这种婴儿，白白给大人添了烦恼，要他何用，不如直接淹死算了！"

说罢，两手一扬，就把小孩子扔进了荷塘，只听扑通一声，那小孩子在水面上蹿了两蹿，就沉下水底。这一下，顿时吓呆了原告、被告和在场的所有的人；花厅里立刻乱起来。

姐姐跑到塘边，捶胸顿足地呼叫起来："快捞人哪！可别淹坏了俺的孩子哟！"而弟媳妇一听见响声，就疾步蹿到塘边，扑通一声和衣跳进荷塘，扑到水里去救孩子。

案子就这样轻松地破了。你猜到底谁是孩子的亲生母亲呢？

参考答案

孔知县让人将弟媳妇救起来，此时，花厅里添灯加亮，如同白昼。

孔知县再次升堂，手捋胡须，威严地说："此案已明，本县心中有数。"命姐姐如实招供，若再谎言狡辩，一定严惩不贷。姐姐只得如实招供了移花接木、偷梁换柱的"夺子之计"。

而那扔在荷花塘里的小孩，则是用红绸裹着的一条5斤重的大鲤鱼，孩子在夫人床上睡得正香呢！